Physical Chemistry Experiments

物理化学实验

苏轶坤 马俊 王海鸥 主编

清华大学出版社
北京

内 容 简 介

本书为面向材料科学与工程专业的物理化学课程所编写的配套实验教程。全书共分 7 章：第 1 章为物理化学实验基础，内容包括物理化学实验的基本要求、实验室安全常识、实验记录和数据处理要求等；第 2 章为误差分析与数据处理；第 3 章为 Origin 软件基本操作；第 4 章为化学热力学实验；第 5 章为电化学实验；第 6 章为表面与胶体化学实验；第 7 章为化学动力学实验。各学校可根据实验课程的教学安排以及现有实验设备等情况进行选择，组成一门具有针对性和自身特色的实验课程。

本书可以作为大专院校材料类、医学类、环境工程类等非化学专业的物理化学实验教程，也可以作为从事相关基础研究及技术开发人员的参考、培训教材。

版权所有，侵权必究。举报：010-62782989，beiqinquan@tup.tsinghua.edu.cn。

图书在版编目（CIP）数据

物理化学实验/苏轶坤，马俊，王海鸥主编．—北京：清华大学出版社，2020.9（2024.8 重印）
ISBN 978-7-302-56418-8

Ⅰ．①物… Ⅱ．①苏… ②马… ③王… Ⅲ．①物理化学－化学实验－高等学校－教材 Ⅳ．①O64-33

中国版本图书馆 CIP 数据核字（2020）第 169858 号

责任编辑：袁　琦
封面设计：常雪影
责任校对：王淑云
责任印制：宋　林

出版发行：清华大学出版社
网　　址：https://www.tup.com.cn，https://www.wqxuetang.com
地　　址：北京清华大学学研大厦 A 座　　　　　　邮　　编：100084
社 总 机：010-83470000　　　　　　　　　　　邮　　购：010-62786544
投稿与读者服务：010-62776969，c-service@tup.tsinghua.edu.cn
质量反馈：010-62772015，zhiliang@tup.tsinghua.edu.cn

印 装 者：涿州市般润文化传播有限公司
经　　销：全国新华书店
开　　本：185mm×260mm　　　印　张：8　　　字　　数：193 千字
版　　次：2020 年 10 月第 1 版　　　　　　　　　　印　　次：2024 年 8 月第 2 次印刷
定　　价：28.00 元

产品编号：087919-01

目录
CONTENTS

第1章 物理化学实验基础 ……………………………………………………………… 1
   1.1 物理化学实验的目的与要求 …………………………………………………… 1
   1.2 物理化学实验室规范 …………………………………………………………… 2
   1.3 物理化学实验的安全防护 ……………………………………………………… 3
      1.3.1 实验者人身安全防护要点 ………………………………………………… 3
      1.3.2 使用受压容器的安全防护 ………………………………………………… 3
   1.4 实验记录和数据处理要求 ……………………………………………………… 5

第2章 误差分析与数据处理 …………………………………………………………… 9
   2.1 误差的分类 ……………………………………………………………………… 9
      2.1.1 系统误差 …………………………………………………………………… 9
      2.1.2 偶然误差 …………………………………………………………………… 10
      2.1.3 过失误差 …………………………………………………………………… 10
   2.2 测量的精密度、正确度和准确度 ……………………………………………… 11
   2.3 不确定度 ………………………………………………………………………… 12
   2.4 有效数字位数的确定 …………………………………………………………… 13
   2.5 "坏点"的取舍 ………………………………………………………………… 14

第3章 Origin 软件基本操作 ………………………………………………………… 16
   3.1 Origin pro 8 软件界面介绍 …………………………………………………… 16
   3.2 数据的录入 ……………………………………………………………………… 17
   3.3 图的绘制 ………………………………………………………………………… 18
   3.4 图的参数设定和修改 …………………………………………………………… 19
   3.5 图形文件的输出 ………………………………………………………………… 20
   3.6 数据的线性拟合 ………………………………………………………………… 21

第4章 化学热力学实验 ………………………………………………………………… 23
   实验1 燃烧热的测定 ……………………………………………………………… 23
      一、实验目的 ………………………………………………………………………… 23

二、实验原理 ·· 23
　　三、仪器与试剂 ·· 25
　　四、实验步骤 ·· 26
　　五、数据记录与处理 ·· 27
　　六、注意事项 ·· 28
　　七、思考题 ·· 28
　　八、其他拓展 ·· 28
实验 2　凝固点降低法测定摩尔质量 ·· 28
　　一、实验目的 ·· 28
　　二、实验原理 ·· 29
　　三、实验装置 ·· 33
　　四、仪器与试剂 ·· 33
　　五、实验步骤 ·· 33
　　六、数据记录与处理 ·· 34
　　七、注意事项 ·· 35
　　八、思考题 ·· 35
　　九、其他拓展 ·· 35
实验 3　纯液体饱和蒸气压的测量 ·· 36
　　一、实验目的 ·· 36
　　二、实验原理 ·· 36
　　三、实验装置 ·· 37
　　四、仪器与试剂 ·· 37
　　五、实验步骤 ·· 38
　　六、数据记录与处理 ·· 39
　　七、注意事项 ·· 39
　　八、思考题 ·· 40
　　九、其他拓展 ·· 40
实验 4　密度法测定 NaCl 水溶液的偏摩尔体积 ·································· 41
　　一、实验目的 ·· 41
　　二、实验原理 ·· 42
　　三、仪器与试剂 ·· 43
　　四、实验步骤 ·· 43
　　五、数据记录与处理 ·· 43
　　六、思考题 ·· 44
　　七、其他拓展 ·· 44
实验 5　氨基甲酸铵分解反应平衡常数的测定 ···································· 45
　　一、实验目的 ·· 45
　　二、实验原理 ·· 45
　　三、仪器与试剂 ·· 49

四、实验步骤 50
　　　五、数据记录与处理 52
　　　六、注意事项 52
　　　七、思考题 52
　　　八、其他拓展 53
　实验 6　黏度法测定水溶液高聚物相对分子质量 55
　　　一、实验目的 55
　　　二、实验原理 55
　　　三、仪器和试剂 57
　　　四、实验步骤 58
　　　五、数据记录与处理 59
　　　六、注意事项 59
　　　七、思考题 59
　实验 7　完全互溶双液系的气-液平衡相图 59
　　　一、实验目的 59
　　　二、实验原理 59
　　　三、实验装置 61
　　　四、仪器与试剂 61
　　　五、实验步骤 61
　　　六、数据记录与处理 62
　　　七、注意事项 63
　　　八、思考题 63
　　　九、其他拓展 63
　实验 8　Pb-Sn 固-液相图的绘制 66
　　　一、实验目的 66
　　　二、实验原理 66
　　　三、仪器与试剂 68
　　　四、实验步骤 68
　　　五、数据记录与处理 69
　　　六、注意事项 69
　　　七、思考题 69

第 5 章　电化学实验 71
　实验 9　原电池电动势的测定 71
　　　一、实验目的 71
　　　二、实验原理 71
　　　三、仪器与试剂 75
　　　四、实验步骤 75
　　　五、数据记录与处理 77

六、注意事项 ·· 77
　　七、思考题 ·· 77
　　八、其他拓展 ·· 78
实验 10　电泳法测定氢氧化铁胶体的 Zeta 电势 ··· 79
　　一、实验目的 ·· 79
　　二、实验原理 ·· 80
　　三、仪器与试剂 ·· 82
　　四、实验步骤 ·· 83
　　五、数据记录与处理 ·· 83
　　六、注意事项 ·· 84
　　七、思考题 ·· 84
　　八、其他拓展 ·· 84
实验 11　锂离子电池的组装 ·· 84
　　一、实验目的 ·· 84
　　二、实验原理 ·· 85
　　三、仪器与试剂 ·· 86
　　四、实验步骤 ·· 87
　　五、思考题 ·· 88
实验 12　柔性超级电容器的组装 ·· 88
　　一、实验目的 ·· 88
　　二、实验原理 ·· 88
　　三、仪器与试剂 ·· 90
　　四、实验步骤 ·· 90
　　五、思考题 ·· 91

第 6 章　表面与胶体化学实验 ··· 92

实验 13　最大泡压法测定溶液的表面张力 ·· 92
　　一、实验目的 ·· 92
　　二、实验原理 ·· 92
　　三、仪器与试剂 ·· 95
　　四、实验步骤 ·· 95
　　五、数据记录与处理 ·· 96
　　六、注意事项 ·· 96
　　七、思考题 ·· 96
　　八、其他拓展 ·· 96
实验 14　电导法测定水溶性表面活性剂的临界胶束浓度 ································ 101
　　一、实验目的 ·· 101
　　二、实验原理 ·· 101
　　三、仪器与试剂 ·· 103

四、实验步骤 ·· 103

　　五、数据记录与处理 ·· 104

　　六、注意事项 ·· 104

　　七、思考题 ··· 105

　　八、其他拓展 ··· 105

第 7 章　化学动力学实验 ··· 106

实验 15　旋光法测定蔗糖转化反应的速率常数 ····························· 106

　　一、实验目的 ·· 106

　　二、实验原理 ·· 106

　　三、仪器与试剂 ·· 108

　　四、实验步骤 ··· 109

　　五、数据记录与处理 ·· 110

　　六、注意事项 ·· 110

　　七、思考题 ··· 111

　　八、其他拓展 ··· 111

实验 16　电导法测定乙酸乙酯皂化反应的速率常数 ······················· 112

　　一、实验目的 ·· 112

　　二、实验原理 ·· 112

　　三、仪器与试剂 ·· 114

　　四、实验步骤 ··· 115

　　五、数据记录与处理 ·· 116

　　六、注意事项 ·· 116

　　七、思考题 ··· 116

　　八、其他拓展 ··· 117

附录　部分思考题参考答案 ·· 118

第 1 章

物理化学实验基础

1.1 物理化学实验的目的与要求

大学开设实验课程是学生走向工作岗位前具体实践的第一步。在教室里上课时,学生多处于被动地位,而实验课则是发挥学生主动性——亲自动手的机会。实验教学的基本目标是从感性认知的角度,帮助学生理解"物理化学"课程所学的理论知识、掌握基本实验操作和技能、学会观察实验现象、分析实验数据,培养学生遵守实验规则的良好习惯。

物理化学实验是一门基础实验课程,其主要目的是使学生了解物理化学实验的研究思路,加深对物理化学基本原理的理解,给学生提供理论联系实际和理论应用于实践的机会;掌握物理化学实验的基本方法和实验技术,学会通用仪器的操作,培养学生的动手能力;掌握正确的记录、处理、分析实验数据和实验结果的方法,培养同学细致观察实验、准确测量实验数据的能力;有计划地、合理地、细心地做实验,培养学生勤奋学习,求真求实,勤俭节约的优良品德和科学精神。

实验技术的高低是可以通过训练培养的。但是,研究者对于自然科学的态度则是训练之前需要注意的问题。因此,实验过程需要学生具有严肃认真、实事求是和一丝不苟的科学态度。

实验从根本上说是当人们想要知道某些方面的问题时,人们从自然现象中去寻找答案的一种手段。因此,开始实验时就应该有明确的目的,比如制订什么样的实验计划,使用什么样的仪器才能得到预期的结果等,这些问题都必须慎重考虑。实验的操作训练是课程的核心。因此,在进行每一个具体实验时,要求做到以下几点:

(1) 实验前要有完整的预习过程,要做到:看(看实验教材和实验所涉及的基础知识)、查(查重要数据)、问(提出疑问)、写(书写预习报告和注意事项)。预习报告包括:实验的目的要求,实验的原理和实验方法及技术,实验操作的次序和注意事项,数据记录的格式,以及预习中产生的疑难问题等。指导教师应检查学生的预习报告,进行重点问题的提问,并解答疑难问题。学生达到预习要求后才能进行实验。

(2) 学生进入实验室后,应检查测量仪器和试剂是否符合实验要求,熟悉测量仪器的使用方法,做好实验的各种准备工作,记录温度、压强等实验条件。实验过程中,要求学生仔细观察实验现象,详细记录原始数据,严格控制实验条件。整个实验过程中保持严谨求实的科学态度、团结互助的合作精神,积极主动地探求科学规律。

(3)实验完成后学生必须将原始记录交指导教师签名。指导教师应根据实验所用的仪器、试剂及具体操作条件,分析实验数据是否合理,判断预定的目的是否达到。如果没有得到预定精度的测定值时,学生必须彻底寻找原因,和指导教师讨论实验中观察到的现象,分析出现的问题。如果实验数据偏差太大,则需重新做该实验。

在一系列的测定中,当有某一个值偏离时,想当然地把这个数值作为"读错了刻度"而舍掉,这种做法应严格禁止。需要找到数值偏离的原因,如果检查的结果原因不明,这个测定值就是偏离的情况也是有的,应把检查的情况及这个数据记录在实验报告上。

(4)实验操作完成后,整理归纳实验数据,写出实验报告。实验报告内容大致可分为以下几项:实验目的、实验原理(包括实验所涉及的相关基础知识)、实验仪器、实验条件、具体操作方法、数据处理、结果讨论等。结果讨论部分是对实验进行总结,即讨论观察到的现象,分析出现的问题,给出自己的想法。一份好的实验报告应该是:实验目的明确、原理清楚、数据准确、作图合理、结果正确、讨论深入和字迹清楚等。

物理化学实验,必须实事求是,仔细观察现象,应按实物本来的面目回答问题。自古以来,伟大的发现都是从细心而客观的观察中产生的,这一点必须铭记在心。认为"学生实验中得不出大发现"这种观点是错误的。我们处于无论什么时候都能发现新现象的环境里,但是没有发觉就"滑"过去的情况很多。实验中详尽地记录观察到的现象和测定的结果非常重要。

1.2 物理化学实验室规范

(1)遵守纪律,不迟到,不早退,保持室内安静,不允许佩戴耳机听音乐,严禁利用实验等候时间用手机上网。

(2)实验前要按讲义核对仪器和药品,若不齐全或破损,应向指导教师报告,及时补充和更换。

(3)实验设备的安装和运行应严格按照操作规程进行,实验开始前应检查仪器是否完好无损,实验装置安装是否正确稳妥,运行是否平稳。

(4)仪器使用时要爱护仪器,如发现仪器损坏,应立即报告指导教师并追查原因。未经教师允许不得擅自改变操作方法。

(5)实验进行时,应小心谨慎清洗、安装玻璃仪器,以免玻璃破损,造成身体伤害并且影响实验正常进行。

(6)实验中所用药品不得随意散失、遗弃。应按规定放入相应的回收装置,以免污染环境,影响身体健康。

(7)实验时要保持安静及台面整洁,书包、衣服等物品不要放在实验台上。实验完毕应将玻璃仪器洗净,把实验桌打扫干净,仪器、试剂药品等加以整理,放回原处。

(8)实验结束后,值日生应做好清洁工作,检查通风橱、水电阀门,经指导教师允许后方可离开实验室。

1.3 物理化学实验的安全防护

1.3.1 实验者人身安全防护要点

物理化学实验室使用电器较多,必须了解使用电器设备的安全防护知识:

(1) 一般实验室所用的市电为频率 50 Hz 的交流电。能引起人感觉到的最小电流值称为感知电流,交流为 1 mA,直流为 5 mA;人触电后能自己摆脱的最大电流称为摆脱电流,交流为 10 mA,直流为 50 mA;在较短的时间内危及生命的电流称为致命电流,致命电流为 50 mA。因此,使用电器设备安全防护的原则,是不要使电流通过人体。

(2) 行业规定安全电压为不高于 36 V,持续接触安全电压为 24 V,安全电流为 10 mA。电击对人体的危害程度,主要取决于通过人体电流的大小和通电时间长短。电流强度越大,致命危险越大;持续时间越长,死亡的可能性越大。

(3) 实验时,应先接好电路后才接通电源。实验结束时,先切断电源再拆线路。修理或安装电器时,应先切断电源。在电器仪表使用过程中,如发现有不正常声响、局部升温或绝缘漆过热产生的焦味,应立即切断电源,并报告教师进行检查。不用潮湿的手接触电器,不应以两手同时触及电器,电器设备外壳均应接地。万一不慎发生触电事故,应立即切断电源开关,对触电者采取急救措施。

(4) 防止引起火灾。如遇电线起火,立即切断电源,用沙土、二氧化碳灭火器或四氯化碳灭火器灭火,禁止用水或泡沫灭火器等导电液体灭火。

(5) 防止短路。线路中各接点应牢固,电路元件两端接头不要互相接触,以防短路。电线、电器不要被水淋湿或浸在导电液体中,例如实验室加热用的灯泡接口不要浸在水中。

大多数化学药品都有不同程度的毒性,原则上应防止任何化学药品以任何方式进入人体。实验前,应了解所用药品的毒性及防护措施:

(1) 药品柜和试剂溶液均应避免太阳光直射等热源。要求避光的试剂应装于棕色瓶中或用黑纸、黑布包好存于暗柜中。

(2) 发现试剂瓶上标签掉落或将要模糊时应立即贴好新标签。无标签或标签无法辨认的试剂要当成危险物品重新鉴别后小心处理,不可随便乱扔,以免引起严重后果。

(3) 按规定量取用药品。取用完毕后及时密封储存,避免种类混淆或沾污。化学药品及试剂要定位放置,用后复位,节约使用。但用后多余的化学试剂不得倒回原瓶。

(4) 操作有毒性化学药品(如 H_2S、Cl_2、Br_2、NO_2、浓盐酸和 HF 等)应在通风橱内进行;苯、四氯化碳、乙醚、硝基苯等蒸气会引起中毒,所以应在通风良好的情况下使用;有些药品(如苯、有机溶剂、汞等)能透过皮肤进入人体,应避免与皮肤接触。盐酸、硫酸的配置、使用过程中,若有少量泄漏时,可用沙土、干燥石灰或苏打灰混合。严禁用水清洗硫酸,因硫酸与水接触会产生大量的热,造成液体飞溅伤人。

1.3.2 使用受压容器的安全防护

这里主要介绍物理化学实验用的高压储气瓶以及真空试验用的玻璃容器。

1. 高压储气瓶的安全防护

使用储气瓶必须按正确的操作规程进行,以下简述有关事项。

1) 高压气瓶储运的存放注意事项

(1) 对入室前的气瓶必须严格检查,并做好气瓶数目登记。检查气瓶原始标志是否符合标准和规定,铅印字迹是否清晰可见。每个气瓶必须在其肩部刻上制造厂和检验单位的钢印标志。

(2) 高压气瓶直立放置时要固定稳妥,防止受外来撞击和意外跌倒;气瓶要远离热源,避免暴晒和强烈震动;易燃气体气瓶(如氢气瓶等)的放置房间,原则上不应有明火或电火花产生。

(3) 搬运装有气体的气瓶时,应拆除减压器,旋上瓶帽,最好用特制的担架或小推车,也可用手平抬或垂直转动。但绝不允许用手握着开关阀移动。在搬动存放气瓶时,应装上防震垫圈,旋紧安全帽,以保护开关阀,防止其意外转动和减少碰撞。

(4) 装有互相接触后会引起燃烧、爆炸气体的气瓶(如氢气瓶和氧气瓶),不能同车搬运或同存一处,也不能和其他易燃、易爆物品混合存放。

2) 一般高压气瓶使用原则

(1) 气瓶使用时要通过减压器使气体降至实验所需范围。高压气瓶上选用的减压器要分类专用,安装时螺扣要旋紧,防止泄漏。减压器都装有安全阀,它是保护减压器安全使用的装置,也是减压器出现故障的信号装置。减压器的安全阀应调节到接受气体的系统或容器的最大工作压力。开关减压器和开关阀时,动作必须缓慢;使用时应先旋动开关阀,后开减压器;用完时,先关开关阀,放尽余气后,再关减压器。切不可只关减压器,而不关开关阀。

(2) 使用高压气罐时操作人员应站在减压阀接管的侧面,不许将头部和身体对准阀门出口。气瓶开启使用时,应先检查接头连接处和管道是否漏气,确认无误后方可继续使用。

(3) 使用可燃性气瓶时,要防止漏气或将用过的气体排放在室内,并保持实验室通风良好。使用氧气瓶时,严禁气瓶接触油脂,实验者的手、衣服和工具上也不得沾有油脂,因为高压氧气与油脂相遇会引起燃烧。如氧气瓶使用时发现漏气,不得用麻、棉等物去堵漏,以防止燃烧事故。使用氢气瓶时导管处应加防止回火装置。

(4) 用后的气瓶,应按规定留 0.05 MPa 以上的残余压力。可燃性气体应剩余 0.2~0.3 MPa(表压 2~3 kg·cm^{-2}),氢气应保留 2 MPa,以防重新充气时发生危险,不可用完、用尽。

(5) 各种气瓶必须定期进行技术检查。充装一般气体的气瓶每 3 年检验一次;如在使用中发现有严重腐蚀或严重损伤的,应提前进行检验。

2. 真空试验用的玻璃容器的安全和防护

使用这类仪器时必须注意:

(1) 使用真空玻璃系统时,要注意任何一个活塞的开、闭均会影响系统的其他部分,因此操作时应特别小心,防止在系统内形成高温爆鸣气混合物或让爆鸣气混合物进入高温区。在开启或关闭活塞时,应双手操作,一手握活塞套,另一手缓缓旋转内塞,使玻璃系统各部分不产生力矩,以免扭裂。

(2) 真空玻璃系统一般使用磨口装置,磨口的玻璃瓶在瓶口干燥的情况下可增加摩擦力,即增加了瓶口瓶塞的贴合程度,密封性好。磨口活塞在使用时,如经常出现漏气及活塞旋转不灵活等故障,可拆下活塞,把活塞及活塞槽上的水用滤纸吸干,用玻璃棒蘸取少许凡士林涂抹在活塞处,但应防止凡士林将进水孔道堵死,然后将活塞小心地插回活塞槽,并将活塞向一个方向转动几次,直至活塞和活塞槽磨砂接触处透明为止。

1.4 实验记录和数据处理要求

数据是表达实验结果的重要方式之一。实验者应将测量得到的数据正确地记录下来,加以整理、归纳和处理,并正确表达实验结果所获得的规律。物理化学实验数据的表示法主要有如下 3 种方法:列表法、作图法和数学方程式法。现分别介绍如下。

1. 列表法

在物理化学实验中,多数测量至少包括两个变量。在实验数据中,选出自变量和应变量,将两者的测量值或对应值列成表格。将实验数据列成表格,排列整齐,使之一目了然,有利于分析和阐明某些实验结果的规律性,对实验结果可获得相互比较的概念。列表时应注意以下几点:

(1) 每一个表格的上方都应写出表序及表题。

(2) 表格内的每行(或每列)应明确写出表头。表头即所测物理量或参数的具体名称(可用字符表示)并标出其单位,二者以"/"分开。比如,温度 T/K。如果所列数据为经过函数计算后的数值,应标明所采用的具体函数关系式。例如对测量的压强进行对数计算,则数值的条目写为 $\ln(p/Pa)$。如果采用某个字母符号(非惯用)来替代整个函数关系式时,需要在表格的最后(独立于表格)标明其代表的函数关系。

(3) 数字排列要整齐,小数点要对齐。为了使表中所列测试结果简洁明了,通常会采用科学计数法。同时,也可通过变换单位进行简化。比如,测试的电导率为 1.36×10^{-2} S/cm 和 1.56×10^{-3} S/cm,可在所对应的表格中填写数字 13.6 和 1.56,并将表格中物理量的单位改写为 mS/cm 即可。

(4) 表格中表达的数据顺序由左到右由自变量到因变量组成,可以将原始数据和处理结果列在同一个表中,但应以一组数据为例,在表格下面列出算式,写出其计算过程。

(5) 表中所有数值的填写都必须遵守有效数字规则。

表格示例见表 1-1:

表 1-1 液体饱和蒸气压测定数据表

$t/℃$	$(1/T)/K^{-1}$	$\Delta h/mmHg^*$	p/Pa	$\ln(p/Pa)$

* 1 mmHg=133.3224 Pa,下同。

2. 作图法

作图法可以更形象地表达出数据的特点,如极大值、极小值、拐点等,并可进一步用图解求积分、微分、外推、内插值等,还便于数据的分析比较,确定经验方程式中的常数等。其用处极为广泛,其中最重要的有以下几种:

(1) 表达变量间的定量依赖关系:以自变量为横坐标,应变量为纵坐标,在坐标纸上标出数据点(x_i, y_i),然后按作图规则画出曲线。此曲线便可表示出两个变量间的定量关系。在曲线所示的范围内,可求对应于任意自变量数值的应变量数值。

(2) 求极大值或转折点:函数的极大值、极小值或转折点,在图形上表现得很直观。例如:从环己烷-乙醇双液系相图中直接读出或确定最低恒沸点(极小值);在凝固点下降法测摩尔质量实验中,从步冷曲线上确定凝固点(转折点)等。

(3) 求外推值:当需要的数据不能或不易直接测定时,在适当的条件下,常用作图法外推求得。所谓外推法,就是根据变量间的函数关系,将实验数据描述的图像延伸至测量范围以外,求得该函数的极限值。例如用黏度法测定高聚物的相对分子质量实验中,首先必须用外推法求得溶液的浓度趋于零时的黏度(即特性黏度)值,才能算出相对分子质量。

使用外推法必须满足以下条件:外推的区间离实际测量的区间不能太远;在外推的范围及其邻近测量数据间的函数关系式呈线性关系或可以认为是线性关系;外推所得结果与已有的正确经验不能有抵触。

(4) 求函数的微商(图解微分法):作图法不仅能表示出测量数据间的定量函数关系,而且可以从图上求出各点函数的微商,而不必先求出函数关系的解析表示式,称图解微分法。具体做法是在所得曲线上选定若干个点,然后采用几何作图法,做出各点的切线,计算出切线的斜率,即得该点函数的微商值。

(5) 求导数函数的积分值(图解积分法):设图形中的应变量是自变量的导数函数,则在不知道该导数函数解析表达式的情况下,也能利用图形求出定积分值,称图解积分法,通常求曲线下所包含的面积常用此法。

(6) 求测量数据间函数关系的解析表示式(经验方程式):如果我们能够找出测量数据间函数关系的解析表达式,则无论我们对客观事物的认识深度或是对应用的方便而言,都将远远跨前一步。通常找寻这种解析表示式的途径也是从作图法入手,即对测量结果作图,从图形形式变换成函数,使图形线性化,即得新函数 y 和新自变量 x 间的线性关系

$$y = mx + b \tag{1-1}$$

算出此直线的斜率 m 和截距 b 后,再换回原来函数和自变量,即得原函数的解析表示式。例如反应速度率常数 k 与活化能 E_a 的关系式为指数函数关系

$$k = A\mathrm{e}^{-E_a/RT} \tag{1-2}$$

可使两边先取对数令其直线化,以 $\ln k$ 对 $1/T$ 作图,再由直线斜率和截距可分别求出活化能 E_a 和碰撞因子 A 的数值。

使用作图法时应注意:

(1) 每个图应有图序和简明的标题(即图题),有时还应对测试条件等方面作简要说明,这些一般安置在图的下方。曲线图坐标的标注也应该是一个纯数学关系式。例如"$\ln p$-$1/T$ 图"等。

(2) 用得最多的是直角坐标纸或者使用 Origin 软件作图。半对数坐标纸和对数-对数坐标纸也常用到,前者两轴中有一轴是对数标尺,后者两轴均系对数标尺。将一组测量数据绘制成图时,究竟使用什么形式的坐标纸,要尝试后才能确定(以获得线性图形为佳)。

(3) 在直角坐标中,以自变量为横轴,因变量为纵轴,在轴旁边须注明变量的名称和单位。在纵轴的左侧和横轴的下方每隔一定距离(例如 5 cm 间距)写下该处变量应有的标尺刻度值,以便作图及读数,但不要将实验值写在轴旁边。

(4) 适当选择坐标比例,以表达出全部有效数字为准,使图上读出的各物理量的精密度与测量时的精密度一致。

(5) 坐标原点不一定选在零点,应使所作直线与曲线均匀地分布于图中。在两条坐标轴上每隔 1 cm 或 2 cm 均匀地标上所代表的数值,而图中所描各点的具体坐标值不必标出。

(6) 描点时,各测量值应准确而清晰地标在其位置上,可用△、⊙、□、◇等符号表示。同一图中表示不同的曲线时,要用不同的符号描点,以示区别。

(7) 画曲线时,应尽量多地通过所描的点,但不要强行通过每一个点。对于不能通过的点,应使其等量地分布于曲线两边,且两边各点到曲线的距离之平方和要最小,即符合"最小二乘法原理"。描出的曲线应平滑均匀。

3. 数学方程式法

数学方程式法是将现有测试数据代入一个数学方程式进行表示的方法。它可以使实验数据与方程的曲线在最大程度上近似吻合,通常包含 3 步:选择方程式;确定常数;检验方程对于实验数据的拟合程度。

1) 选择方程式

有时函数关系是已知的,例如,液体的蒸气压与温度的关系,就有已知的克劳修斯-克拉贝龙方程可以应用。如果一时还不了解数据内在的函数关系,可先根据实验曲线的形状来初步判断所属方程的类型,然后再用作图或计算检验方程与实验数据相符的程度,最后对其进行修正。

在各种实验曲线中,以线性方程 $y=ax+b$ 的表达最为简单,运用、计算也很方便,最重要的是可以从图上直接确定方程式中的常数 a、b。当 x 和 y 为非线性函数关系时,可以通过坐标变换使函数式线性化。示例见表 1-2。

表 1-2 常见方程的线性式

原函数式	线性式坐标轴		线性化后的方程
$y=a\mathrm{e}^{bx}$	$\ln y$	x	$\ln y = \ln a + bx$
$y=ab^x$	$\lg y$	x	$\lg y = \lg a + x\lg b$
$y=ax^b$	$\lg y$	$\lg x$	$\lg y = \lg a + b\lg x$
$y=a+bx^2$	y	x^2	—
$y=a\lg x+b$	y	$\lg x$	—
$y=\dfrac{a}{b+x}$	$\dfrac{1}{y}$	x	$\dfrac{1}{y}=\dfrac{b}{a}+\dfrac{x}{a}$
$y=\dfrac{ax}{1+bx}$	$\dfrac{1}{x}$ 或 $\dfrac{1}{y}$	$\dfrac{1}{y}$ 或 $\dfrac{1}{x}$	$\dfrac{1}{x}=\dfrac{a}{y}-b$ 或 $\dfrac{1}{y}=\dfrac{1}{ax}+\dfrac{b}{a}$

最小二乘法认为各实验点与回归直线间都存在或正或负的误差。如果各点对某一直线的误差平方和为最小,即 $\Delta = \sum\limits_{i=1}^{n} \delta_i^2$,则该直线即为最佳的回归直线。

2) 确定常数

借助计算机,用最小二乘法求解一元线性回归方程的斜率和截距这两个常数,使结果更接近于实验的实际。

在最简单的情况下,$\Delta = \sum\limits_{i=1}^{n}(b+mx_i-y_i)^2$ 最小。

根据函数有极值的条件，必有

$$\begin{cases} \dfrac{\partial \Delta}{\partial b} = 2\sum_{i=1}^{n}(b+mx_i-y_i) = 0 \\ \dfrac{\partial \Delta}{\partial m} = 2\sum_{i=1}^{n}x_i(b+mx_i-y_i) = 0 \end{cases} \qquad (1\text{-}3)$$

从而解得

$$m = \dfrac{n\sum_{i=1}^{n}x_i y_i - \sum_{i=1}^{n}x_i \sum_{i=1}^{n}y_i}{n\sum_{i=1}^{n}x_i^2 - (\sum_{i=1}^{n}x_i)^2}, \quad b = \dfrac{\sum_{i=1}^{n}y_i}{n} - m\dfrac{\sum_{i=1}^{n}x_i}{n}$$

所以只要将一一对应的 x_i、y_i 测量值输入程序，计算器就可完成最佳常数的求解。

3) 检验方程对于实验数据的拟合程度

在回归方程的数字运算中，由于数据较多，而且步骤烦琐，容易出错，所以最好在得出回归方程后进行验算，检验其是否符合线性关系。

第 2 章

误差分析与数据处理

物理化学实验除了对相关的物理量(如饱和蒸气压、凝固点、电导率、电动势等)进行定量测量外,还需要仔细观察其所对应的实验现象(如沸腾、物相转变、颜色变化等),并在一定程度上建立该物理量与其实验现象之间的内在联系。基于材料物化实验的"验证性"特点,实验的进行将有利于加深同学们对相关概念(如饱和蒸气压与沸点)的感性认识与理解。另一方面,通过验证性实验的实施,还有助于同学们对误差来源、误差类型等进行较为深入的认识,进而帮助同学们了解获得准确物理量的意义和途径,并为今后的探索性研究工作打下坚实的基础。做实验容易,设计试验和分析实验结果难,因此建立实验误差观念尤为重要,这将有助于引导同学进行有效的顺向和逆向思维。诚然,基于实验方法、实验设备、实验条件和实验者本身等诸多因素,实验者不可能完全准确地测量到某一物理量的准确值,其原因就在于无处不在的误差。本章主要结合物理化学实验的相关内容,逐一介绍误差的分类、测量结果的准确度、不确定度、有效数字位数的确定和"坏点"取舍等内容。

2.1 误差的分类

在测量某一个物理量的过程中(比如,在称取氢氧化钠的过程中,发现随着称量时间的延长其质量将会发生一定程度的增大),我们经常发现:无论采用的仪器多么精密或高端,实验方法多么完善,化学试剂纯度多么高,实验者多么谨慎仔细,多次测量所得的结果总是不完全相同。这一现象表明:所测数据存在一定偏差和误差。根据定义可知,偏差指的是实测值与测试平均值之间的差值,而误差则是指实测值与真值之间的差异。然而不幸的是,真值是一个不易获得的理想值。通常情况下,为了简化,我们往往把多次测量所得的算术平均值等同于该物理量的真值,而不加以特别区分。

误差或者偏差无处不在,其大小也会直接影响我们对所测物理量的正确认知和评价。因此,对其进行溯源分析并进行定性、定量化的分析尤为重要。通常情况下,依据其来源误差可以分为 3 类:系统误差、偶然误差和过失误差。

2.1.1 系统误差

系统误差(又称可测误差)是测量误差的重要组成部分,其大小主要与实验方法或理论

(近似与否？)、仪器设备(校准与否？)、化学试剂(纯度够否？)、实验条件以及实验者本身的主观因素(如习惯和偏向)等有关。这类误差的特点是来源固定、大小恒定且具有一定的单向性(表现为测量结果要么偏大,要么偏小)。从理论上来讲,去除误差来源即可消除系统误差,但实际上发现系统误差的来源并采用有效措施降低其不良影响是非常困难的。一般而言,可以根据具体的实验情况,通过改进实验方案、修正测量数据、校准实验设备和提升试剂纯度等来寻找其误差来源,以期有效提高测量的准确性。对于通过这种方式不能消除的误差,则需要设法确定或者估计其分布范围。

比如,在"电导法测定水溶性表面活性剂的临界胶束浓度"实验中,需要配置 0.002 mol·L^{-1} 的十二烷基硫酸钠溶液 100 mL。溶液的配置需要 100 mL 的容量瓶(精度 0.01 mL)一只,分析天平(精度 0.0001 g)一台,采用的十二烷基硫酸钠药品的纯度为分析纯(ACS≥99.0%)。待十二烷基硫酸钠溶于水后,操作者按照标准流程,通过玻璃棒将该溶液和水移入容量瓶中,最后通过水平观测标线来进行定容。这里的容量瓶和天平的精度属于系统误差,药品的纯度也属于系统误差。此外,尽管操作者按照标准流程进行了相应的操作,但是不同操作者对于标线的认知存在差异性,这种差异性也属于系统误差。

2.1.2 偶然误差

偶然误差(又称随机误差)在实际的实验操作中是无法回避的,其大小主要由不可抗的偶然因素(如温度或者湿度的变化、气压的微小变化、实验设备的变动、实验者的主观判断等)引起的。这类误差的特点是:来源不可控、无规律可循、大小具有很强的随机性。但是,通过增加实验次数(或者样本数),运用统计学方法即可发现其规律性(一般符合正态分布)。一般而言,减小这类误差的途径主要是通过增加测量次数(取均值)、提高操作的熟练程度等来实现。在误差理论中,常用精密度来表征偶然误差的大小,用数学表达则为标准偏差(σ_x)。

表示测量值分散程度的标准偏差可以表示为式(2-1)。

$$\sigma_x = \sqrt{\frac{\sum_{i=1}^{n}(x_i - \bar{x})^2}{n-1}} \tag{2-1}$$

$$\bar{x} = \frac{1}{n}\sum_{i=1}^{n} x_i \tag{2-2}$$

其中,x_i 为第 i 次的实际测量值;$\bar{x}$ 为 n 次测量值的算术平均值。

比如,"电导法测定水溶性表面活性剂的临界胶束浓度"实验需要将十二烷基硫酸钠溶解于去离子水中。基于表面活性剂的特点,在溶解的过程中会不可避免地产生气泡或者泡沫,而气泡的产生在很大程度上会给定容带来不利的影响。这一环节所产生的误差属于随机误差,因为不管如何小心都不能完全抑制气泡或泡沫的产生,也不能控制产生的量。

2.1.3 过失误差

过失误差主要是由实验者的不当操作(如读错数据、采用不适合的实验方法或者仪器、设备,不按标准流程进行操作等)而引起的。这一类误差应务必避免。

比如，在"电导法测定水溶性表面活性剂的临界胶束浓度"实验中，为了加速十二烷基硫酸钠的溶解，操作者快速搅拌产生了大量的气泡泡沫。如果用带有大量气泡泡沫的溶液进行定容的话，势必会极大地影响其测试浓度值，这种情况下产生的误差就属于过失误差。另外，如果定容的时候只把容量瓶当作容器，定容完全在烧杯中进行，这种操作就属于过失误差。

综上所述，过失误差是需要绝对禁止的，偶然误差是不可避免的，系统误差是可以有效减小的，因此任何一个合理的实验结果都应只包含系统误差和偶然误差两项。

2.2 测量的精密度、正确度和准确度

如上所述，取多次测量的平均值就可以确定该物理量的评估值，通过标准方差（如画出正态分布图）即可知所测数据的离散程度。但是，这些仍然不足以准确评价出所测数值的可靠性。因此，需要引入精密度、正确度和准确度等术语来进行更为细致的描述。

精密度指的是多次测试结果的离散程度（重复性），反映的是随机误差对测量结果的影响。随机误差越小，测量的精确程度就越高。其数学表达可用极差（range，即最大值和最小值的差）、标准差（standard error）和方差（variance，标准差的平方）等来表示。极差越小，精密度越高；标准差越小，精密度越高；方差越小，精密度越高。

正确度指的是多次测量结果的平均值与某一条件和时刻下的客观值或者实际值的接近程度，描述的是系统误差对测量结果的影响。系统误差越小，正确度越高。

准确度是国际计量规范中比较常用的一个标准术语，指的是多次测量结果的接近程度和其平均值对真值的接近程度，包含了精密度和正确度两个概念，反映了系统误差和随机误差对测量结果的影响强弱。系统误差越小，随机误差越小，准确度则越高。

某一条件和时刻下的客观值或者实际值是一个理想值，一般是未知的。相对来说又是已知的。比如多次实验值的均值、国际上公认的计量值、国家标准样品的标称值等都可被认为是真值（客观值或者实际值）。在没有数据可查的情况下，用有限次测量值的平均值（算术、均方根、加权、几何和对数平均值）来替代。鉴于材料物化实验是"验证性实验"的特征，其真值也可以被认为是参考书或者文献资料中可以查询到的参考值。

综上，测量的精密度、正确度和准确度主要用于衡量或者评价所测数据的可信性和可靠性，用于评价实验方法或理论的可行性等。这3个概念既有联系，又有区别。为便于同学们的正确理解，现以"环己烷凝固点测量结果"为例进行说明。

在"环己烷凝固点的测试"实验中，小王、小李、小张和小马同学每人先后进行了10次测量，其测试结果见表2-1，结果数据分析见表2-2。查表可知，环己烷的理论凝固点为6.554 ℃，结果与理论值的关系如图2-1所示。由图可以看出，小王同学测试结果的精密度和正确度都高，实验的准确度高。小李同学的精密度高，但是正确度不高，实验的准确度不佳。小张同学的精密度和正确度均较低，实验的准确度不佳。小马同学的精密度不高，但是正确度较高，实验的准确度不佳。

表 2-1　小王、小李、小张和小马同学的"环己烷凝固点"的测量结果（单位：℃）

实验者	次数									
	1	2	3	4	5	6	7	8	9	10
小王	6.6	6.7	6.4	6.3	6.5	6.6	6.5	6.4	6.3	6.4
小李	7.0	7.2	7.3	7.1	7.2	7.4	7.3	7.1	6.9	7.0
小张	7.5	6.6	7.4	6.5	7.2	6.4	7.3	6.5	7.7	6.3
小马	7.5	5.5	7.6	5.6	7.3	6.4	7.4	6.0	6.3	7.4

表 2-2　实验结果分析（单位：℃）

实验者	均值	偏差（与均值）									标准差
小王	6.5	0.1	0.2	−0.1	−0.2	0.1	0	−0.1	−0.2	−0.1	0.13
小李	7.2	−0.2	0.0	0.1	−0.1	0.0	0.2	0.1	−0.1	−0.3	−0.2	0.16
小张	6.9	0.6	0.3	0.5	−0.4	0.3	−0.5	0.4	−0.4	0.8	−0.6	0.53
小马	6.7	0.8	−1.2	0.9	−0.9	0.6	−0.3	0.7	−0.7	−0.4	0.7	0.83

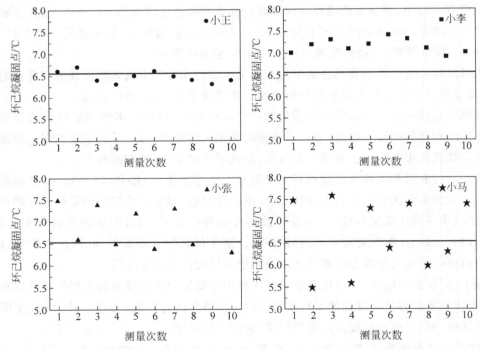

图 2-1　小王、小李、小张和小马同学的实验结果和理论值的关系
（直线表示环己烷的理论凝固点；离散点表示各次实验的结果）

2.3　不确定度

　　不确定度指的是由随机误差而导致的实际测量值的不确定程度，表示的是可能存在的误差（随机和未定系统误差）分布，用于评价测量结果的准确程度。一个完整的测试结果

(X)应该包含一个测量值(x)和不确定度(Δx),可以表达为式(2-3),其包含3层意思:第一层意思表示待测物理量的客观值或者真值位于($x-\Delta x, x+\Delta x$)的取值范围内;第二层意思表示测试结果均分布于该取值范围内;第三层意思表示取值范围越窄,其测量结果的可靠性、准确度越高。除了这种数学表达之外,这里的不确定度 Δx 在绘制曲线的时候,也可以用误差限(error bar)来表示。

$$X = x \pm \Delta x \tag{2-3}$$

直接测量的不确定度的估算过程可以通过求解多次测量结果的平均值、标准差以及仪器的系统误差来计算。

"环己烷凝固点的测试"实验中(表 2-1),小王同学的测量数据可以表示为(6.5 ± 0.2)℃。很明显,所有的测试点都在(6.3,6.7)的区间内,该凝固点的真值(理论值)也在该区间内。偶然误差如表 2-2 所示,小王同学 10 次测量结果的均值为 6.5℃,标准差(精密度)为 0.13,仪器的系统误差为 0.054℃。

另一方面,误差的存在导致实测值不同程度地偏离其实际值,因此当不确定度较小时,可以认为各测量值具有"等同性或者可以替代性"。这一概念在实际的科学研究中非常重要,除了如上所述用于更准确地描述同一样品的物理或者化学参数,它还可以用于指导操作者如何更好地描述或者评价不同样品的同一物理化学参数或者同一样品的不同物理化学参数。比如,在研究钒的掺杂量对锂离子电池正极材料磷酸铁锂($LiFePO_4$)电化学性能(如倍率性能等)影响的时候,为了有效减少活性物质载量所带来的差异性,增加可比较性,在挑选样品的时候有针对性地对其载量进行严格的要求(如活性物质的载量控制在(8 ± 0.1)mg·cm^{-2})。

2.4 有效数字位数的确定

实验过程所得到的数据都是含有系统误差和随机误差的,这些数值一方面反映了该物理量的大小,另一方面还反映了该测量值的精度。因此,在记录、计算和书写结果的时候,均需要根据误差或者实验结果的不确定度来定义其有效数字的位数。有效数字能够传递被测物理量大小的全部信息,即从左边第一个非零数字开始至第一位估值结束。

直接测量的有效数字由仪器的精度来决定,由仪器能读出的准确数字和由仪器的精度所决定的欠准确数字构成。比如,使用 100 mL 的量筒(精度为 1 mL)量取一定体积的液体,能精确读取的数字为小数点前一位,小数点后一位则为欠准确值(估值)。再如,采用万分之一的天平称取一定量的氢氧化钠,能精度读取的是小数点后三位,最后一位为欠准确值(估值)。

间接测量指的是把直接测量的结果带入某个函数关系,经计算得到的测量值。运算过程涉及有效数字的运算问题,存在误差或者不确定度的传递问题。间接测量有效数字的确定应该先估算间接测量不确定度的合成结果。在未估算的情况下,可按照"运算结果只保留一位(最多两位)欠准确数字"的原则。根据不确定度合成理论,加减运算后数值的有效数字位数应该与参与运算的各数值一致或者为参与运算的各数值中最少的有效数字位数;乘除运算后数值的有效数字位数应该为参与运算的各数值中最少的有效数字位数;乘方、立方和开方运算结果的有效数字位数与底数的有效位数一致;常数的有效数字位数比其他数值的位数多一位。需注意:一个数字与一个欠准确数字的加减,其结果为欠准确数字;一个数字与一个欠准确数字的乘除,其结果也必为欠准确数字。

据此可知,在进行间接测量的过程中,最终结果的有效数字的位数或者不确定度的大小将主要由参与运算的各数据中有效数字位数最少或者不确定度最大的来决定,因此各物理量的测试结果的有效数字应该尽可能相仿或者其不确定度应该尽可能接近。

为进一步说明误差的传递问题,以水的密度的测量为例进行说明。用分析天平(精度为万分之一)称量了 100 mL 量筒(精度为 1 mL)的质量并清零,然后向该量筒中加入了 49.0231 g 水,此时观察量筒的示数为 50.2 mL。由此可知,水的质量的有效数字为 6 位,水的体积的有效数字为三位。因此,根据不确定度合成理论可知,最终水的密度为 0.9766 g·mL^{-1}(四位有效数字)。

2.5 "坏点"的取舍

稳定条件下,在不受人为因素的影响下,测量所得的过大或者过小的数值,通常被认为是"坏点"。在这种情况,一些同学都会草率地将之去除,以获得所谓的可靠性高的实验数据。其实,这是一种错误的做法,应该有条件地进行取舍。根据概率可知,大于 $3\sigma_x$ 的误差概率仅为 0.3% 左右,因此当实际测量值的误差超过这一极限时,该值就可以被认为包含有较大的过失误差,应该予以舍弃。但是鉴于实际测量次数的有限性,我们往往很难去舍弃此类可疑数据。针对这一情况,可以采取一种较为简单的方法。舍去该值后,当平均误差小于或者等于该值偏差的 1/4 时,该值可被舍弃。但是需要说明的是,拟去除"坏点"的个数不可超出总数的 1/5。

比如,在"电导法测定水溶性表面活性剂的临界胶束浓度"实验中,小王同学测得的数据如表 2-3 所示。数据分析后,将实测值及其与平均值的偏差绘于图 2-2。从图 2-2(b)中不难发现,当可溶性表明活性剂的浓度为 0.014 mol·L^{-1} 的时候,所测的电导率出现了较大的误差(在图中用竖线表示)。表示在该浓度下可能有"坏点"出现。

表 2-3 电导法测定水溶性表面活性剂的临界胶束浓度测试值及其平均值、标准差

序号	浓度 c/(mol·L^{-1})	电导率 κ/(μS·cm^{-1})									σ_κ
		$\kappa 1$	$\kappa 2$	$\kappa 3$	$\kappa 4$	$\kappa 5$	$\kappa 6$	$\kappa 7$	$\kappa 8$	$\kappa 9$	$\bar{\kappa}$	
1	0.001	286	285	287	287	285	284	288	284	285	286	1.41
2	0.002	306	305	304	307	305	306	304	303	304	305	1.27
3	0.004	345	347	346	344	346	347	348	344	345	346	1.39
4	0.006	387	386	387	388	386	389	388	387	388	387	1.00
5	0.008	398	396	396	400	396	397	399	401	396	398	1.94
6	0.010	470	468	468	469	471	472	468	469	467	469	1.62
7	0.012	500	499	498	501	502	497	498	500	498	499	1.64
8	0.014	<u>540</u>	589	594	589	591	<u>640</u>	592	589	588	590	25.1/1.98
9	0.016	660	660	661	659	663	658	659	662	658	660	1.73
10	0.018	722	722	721	720	723	723	724	721	723	722	1.27
11	0.020	786	789	794	785	792	793	791	788	792	790	3.16

注:查文献可知,十二烷基硫酸钠的第一临界胶束浓度为 8.7×10^{-3} mol·L^{-1}。

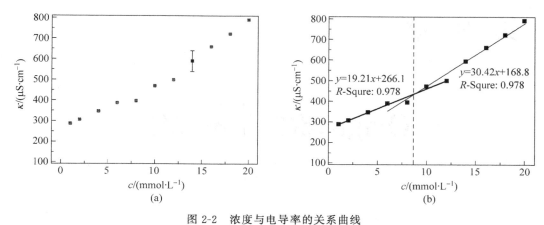

图 2-2 浓度与电导率的关系曲线

(a)"坏点"去除前的曲线,竖线为误差限;

(b)"坏点"去除后的曲线,直线为线性拟合曲线(最小二乘法),虚线为临界胶束浓度值

为了甄别"坏点"以决定其取舍,先将误差较大的两个测试值(第一个实测值与第六个实测值)挑出,计算其余实测值的平均值(590)和平均误差(1.76),计算其偏差为 50。很显然,偏差远远大于平均偏差的 4 倍,因此可以认为这两个测试点为"坏点"。

第 3 章

Origin软件基本操作

材料科学与工程、高分子材料科学与工程专业的学生,在撰写学术论文或者毕业论文的时候,经常需要将所采集到的实验数据绘制为二维的柱状图、曲线图、折线图(带或者不带误差限)、离散点图或者三维图形等。尽管市面上可接触到的专业绘图软件有很多种类,比如Excel、Origin、Matlab 等,但是相比较而言,应用最广泛、最容易上手的还是 Origin 软件。因此,本课程的实验数据将要求使用 Origin 软件进行绘制。为了便于阐述,本章将以 Origin pro 8 软件为例,针对本课程的实际需要分别介绍 Origin 软件的使用方法。Origin 软件其他的进阶使用方法可以根据学生的具体需要参考有关的专业指导书或者 Origin 软件自带的说明书。

3.1　Origin pro 8 软件界面介绍

打开 Origin pro 8 软件之后,映入眼帘的是一个非常简洁的主界面。如图 3-1 所示,主界面主要分为菜单区、工具区、工作簿窗口、绘图区、管理区和状态区 6 个区域。

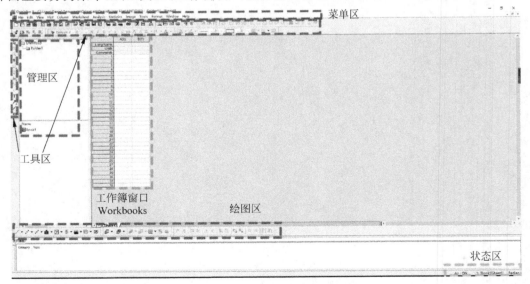

图 3-1　Origin pro 8 软件的主界面

3.2 数据的录入

数据的录入主要有两种方式。第一种方式,在工作簿(Workbooks)窗口中直接手动录入(如图 3-1 所示)相关的数据,并可定义 X 轴和 Y 轴,标注数据名称(Long Name)、单位(Units)和注释(Comments)。第二种方式,可以直接调用一个或者多个 ASCII 文件(txt)。具体操作为:选择菜单栏的 File,下拉菜单选择 Import,最后选择其子菜单 Single ASCII 即可(图 3-2)。如遇需要同时调入多个文件的情况,可选择 Multiple ASCII。但是需要注意的是,在导入文件的时候,应该在新建的工作表中导入,否则已有数据会被覆盖,同时,应注意 ASCII 文件的数据格式。通常情况下,ASCII 文件中数据的第一列对应 Origin 工作表的第一列,以此类推。如果出现数据导入错误的情况,则需要调整 ASCII 文件的数据格式。

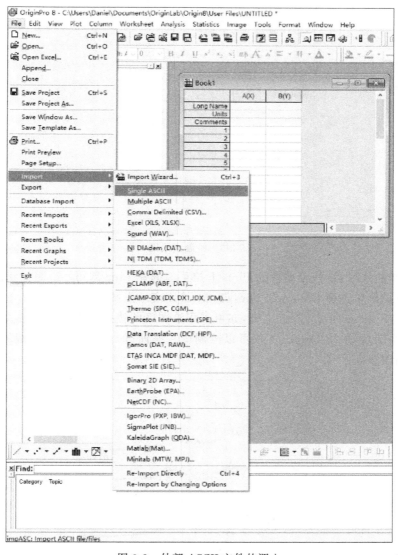

图 3-2　外部 ASCII 文件的调入

3.3 图的绘制

待录入数据\调入文件后,就可以根据具体的要求选择绘制曲线、折线、点线图、柱状图或者离散图等。图 3-3 所示为绘制点线图的示例。具体操作为:选择菜单栏的 Plot,下拉菜单选中 Line+Symbol,即可绘制出所选数据所对应的点线图。

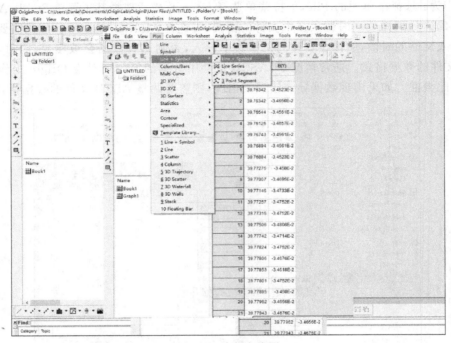

图 3-3 绘制点线图

需要绘制曲线时,选择菜单栏的 Plot,下拉菜单选择 Line 即可;绘制柱状图,选择菜单栏的 Plot,下拉菜单选择 Columns/Bars 即可;绘制离散点图,选择菜单栏的 Plot,下拉菜单选择 Symbol/Scatter 即可;除此之外,亦可采用绘图区的快捷方式来进行相关图形的绘制。

需要说明的是,采用 Origin 不仅可以绘制单一的曲线,还能将多条曲线同时绘制于同一幅图中,如图 3-4 所示。

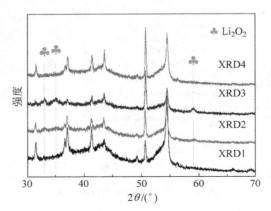

图 3-4 锂空气电池空气电极的 XRD 图

3.4 图的参数设定和修改

如图 3-5 所示,选择菜单 Plot,下拉菜单选择 Line+Symbol 或者直接使用绘图区的快捷方式,即可把所选择的数据绘制点线图。当工作簿菜单的名称(Long Name)和单位(Units)为空白时,图的横纵坐标则默认为 A、B。否则显示用户的定义值。此外,点和线均默认为黑色,X 轴、Y 轴的坐标轴线宽也显示为默认值,其数轴范围则根据数据本身自动调整。显然,绘制而成的图不够精细,缺乏观赏性。因此,通常需要根据实际需求对所绘图形进行一定程度的修改或者润色。

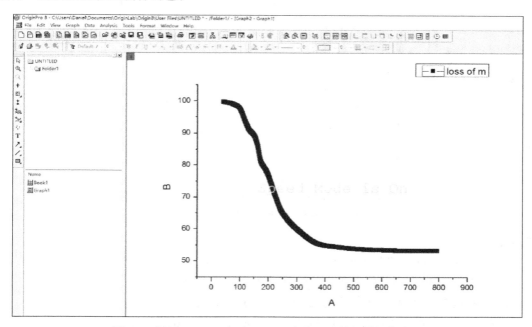

图 3-5 调用 Plot>Line+Symbol 命令后绘制而成的点线图

1. 自定义 X 轴和 Y 轴的物理意义,修改其坐标值显示范围和线宽

如图 3-6(a)所示,重新定义了 X 轴或者明确了其所要表达的物理意义(包括单位);Y 轴的修改以此类推。具体操作为:将鼠标移至 A,然后双击即可直接进行文字、字母、数字等字符的输入。如此一来,便重新定义了 X 轴的物理意义、添加该物理量的单位。此外,物理意义和单位的字体、字号、上下标也可以根据需要进行修改。

2. 坐标轴取值范围,数值的字体、字号、显示方式和线宽的修改

如图 3-6(b)所示,调整了 X、Y 坐标轴的取值范围,调整了坐标轴数值的字体和字号,并调节了坐标轴的线宽。具体操作为:将鼠标移至坐标轴,双击便弹出了如图所示的多页对话框。

Scale:可以根据需要调整初始(From)、终止值(To)、步长(Increment)、显示形式(Type)等。需要说明的是,改变 Type 的选项可方便地实现线性坐标系(Linear)和对数坐标系(Log10)等转换。

Title & Format:坐标轴的线宽可以通过修改 Thickness 来实现。

Grid Lines:除了可以显示主次坐标的显示形式外,封闭的曲线可以通过勾选 Opposite

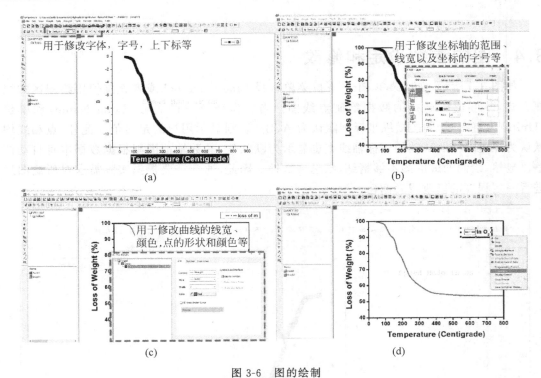

图 3-6　图的绘制
（a）定义 X、Y 轴，修改字体、字号和上下标；（b）修改坐标轴的范围、线宽和字号；
（c）修改曲线的线宽、颜色以及类型；（d）修改曲线说明

来实现。

Tick Labels：可以调节坐标轴的数值的字体（Font）、字号（Point）。

除此之外，其他一些功能需要自行尝试或者参考相关教程。

3. 点和线颜色的修改，线宽的修改以及点的形状的修改

如图 3-6（c）所示，改变了点线图的颜色和线宽。具体操作为：将鼠标移至曲线，双击便可弹出对话框。

Line：可以改变线的显示形式（Connect）、类型（Type）、线宽（Width）和颜色（Color）。

Symbol：可以改变点的大小（Size），颜色和点的形状。

4. 曲线名称的命名和显示形式

如图 3-6（d），对曲线进行了重新命名。通常情况下，曲线的名称默认为工作簿 Y 轴 Comments 填写的内容。如果工作簿中的 Long Name 和 Comments 未填写，则默认为 Y 轴的名称。修改时，将鼠标移至名称处双击即可进行填写。

右键选择属性（Properties），弹出对话框，选择 Background 下拉菜单即可实现多种显示效果；定义旋转角度（Rotate）可以实现文本框的旋转。

3.5　图形文件的输出

Origin 图形文件的输出主要有 3 种形式。第一种途径，选择菜单 Edit，下拉材料选择 Copy Page，就可以直接把图复制下来，如图 3-7（a）所示。然后，使用快捷键组合"Ctrl+V"

就可以把图形直接粘贴在 Word 文件当中。通过这种方式复制的文件,后期还可以进行修改。修改时,只要双击图形就可实现,但是其不足主要在于没有源文件。第二种途径,选择菜单 File,下拉菜单选择 Export Graphs 即可实现图形的输出。输出图形的格式可以通过下拉 Image Type 菜单来实现,保存路径可以通过定义 Path 来实现,名称可以输入 File Name 来完成,如图 3-7(b)所示。第三种途径,将鼠标移至管理区,右键选择 New Window>Layout,将 Copy Page 的图形,通过使用"Ctrl+V"将图直接粘贴出来,最后通过 Export Page 来实现。

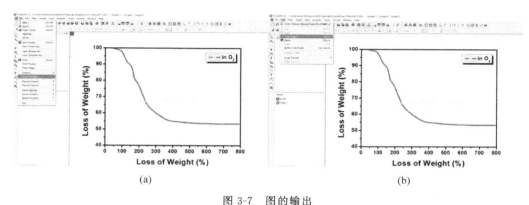

图 3-7 图的输出
(a) 使用复制功能;(b) 使用输出功能

3.6 数据的线性拟合

Origin 软件除了可以进行数据的绘制之外,还可以对数据进行处理和分析。比如,进行数据点的线性拟合、非线性拟合、分峰等。

数据的拟合需进入菜单 Analysis,在下拉菜单中选择 Fitting>Linear Fitting 来进行,如图 3-8(a)所示。图 3-8(b)为弹出窗口,可以在里面选择需要拟合的数据范围(可在 Range>Rows>From/To 进行设置)。图 3-8(c)为线性拟合后的结果,里面的表格表示了该直线的斜率、截距和拟合质量。图 3-8(d)表示该拟合的线性直线,其线的颜色和宽度也可以进行相关的调整。

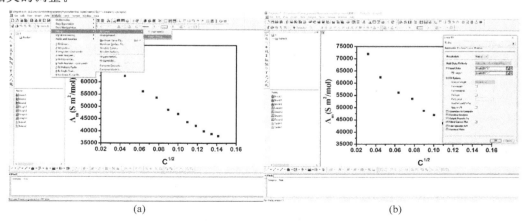

图 3-8 曲线的线性拟合

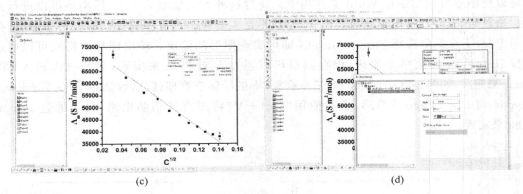

图 3-8（续）

第 4 章

化学热力学实验

实验 1 燃烧热的测定

一、实验目的

1. 了解量热计(calorimeter)的原理、构造及使用方法。
2. 用氧弹式(oxygen bomb)量热计测定蔗糖(sucrose)的燃烧热(combustion heat)。
3. 学会用雷诺图(Renolds figure)校正(calibration)温度值。

二、实验原理

当产物(product)的温度与反应物(reactant)的温度相同,并且反应过程中体系只做体积功(volumetric work)而不做其他功的情况下,化学反应所吸收或放出的热量(absorbed 或 released heat),称之为此过程的热效应(thermal effect),通常也称为"反应热"(reaction heat 或 enthalpies of reactions)。在既定的温度和压力下,完全氧化 1 mol 物质时所释放的反应热称为燃烧热。这里完全氧化(complete oxidation)指的是有机化合物(organic compounds)中的碳被氧化成气态二氧化碳(carbon dioxide)、氢氧基团(hydroxyl group)被氧化成液态水,硫(sulfur)被氧化成气态二氧化硫等。

例如:在标准压力(standard pressure)下,25℃时蔗糖被完全氧化所发生的反应式如式(4-1)所示。

$$C_{12}H_{22}O_{11} + 12O_2 == 12CO_2 + 11H_2O \qquad (4\text{-}1)$$

由于绝大多数有机化合物不能由单质直接合成,并且合成反应(synthetic reaction)中又往往存在副反应(side reaction),因此它们的标准摩尔生成焓也就不能直接测定。但是,相比而言有机化合物燃烧反应进行得比较完全,且副反应少,摩尔燃烧焓数值较大,测定的准确度高,故主要用来求算物质的标准摩尔燃烧焓(standard enthalpy change of combustion)。另外,也可以用它来计算标准摩尔反应焓、估算键能(bond energy)以及作为燃料的质量指标。比如在工业上,燃烧焓是煤、天然气、石油等燃料的一个重要质量指标。

燃烧热的测定在热量计中进行，主要分为定容（氧弹式）和定压（火焰式）两类。氧弹式热量计适用于固体和液体物质的燃烧，测定的是恒容燃烧热。它的基本原理是能量守恒定律，即样品燃烧所释放的能量使氧弹本身及周围的介质和热量计有关附件的温度升高，然后根据燃烧前后体系温度的变化来求算所需参数。而火焰式适用于气态或挥发性液态物质的燃烧，测定的是恒压燃烧热。经过能量、化学计量的测定以及标准态的换算，即可求得标准摩尔燃烧热。

若反应系统中的气体物质均可视为理想气体（ideal gas），则由热力学第一定律（first law of thermodynamics）可知，如果燃烧反应是在恒温恒压（constant temperature and pressure）条件下进行，并且不做非体积功，则摩尔燃烧热在量值上等于恒压摩尔燃烧焓，如式（4-2）所示。

$$Q_{p,m} = \Delta_c H_m \tag{4-2}$$

如果燃烧反应是在恒温恒容条件下进行，并且不做非体积功，则摩尔燃烧热在量值上等于恒容摩尔燃烧焓：

$$Q_{V,m} = \Delta_c U_m \tag{4-3}$$

恒压摩尔燃烧热与恒容摩尔燃烧热满足式（4-4）：

$$Q_{p,m} = Q_{V,m} + \sum v_B(g) RT \tag{4-4}$$

其中，$\sum v_B(g) RT$ 指燃烧反应计量方程式中气体物质 B 的计量系数之代数和。

本实验是采用氧弹式量热计来测定蔗糖的燃烧热。在实际测量中，燃烧反应常在恒容条件下进行（如在弹式量热计中进行），因此首先测定恒容过程的燃烧热 $Q_{V,m}$，然后再由反应前后气态物质摩尔数的变化 Δn，就可求算出恒压过程的燃烧热 $Q_{p,m}$，即燃烧焓 $\Delta_c H_m$。

在被研究的体系中，燃烧放热的物质主要有：样品（苯甲酸）、引火丝（铁丝）等。氧弹放置在装有一定量水的水桶中，水桶外是空气隔热层和温度恒定的水夹套。样品在体积固定的氧弹中燃烧所释放的大部分热量被水桶中的水吸收；另一部分则被氧弹、水桶、搅拌器及温度计等所吸收。在量热计与环境没有热交换（heat transfer）的情况下，可以写出如下的热量平衡公式：

$$-Q_V \times m - q \times L = W \times C_水 \times \Delta T + C_计 \times \Delta T$$

$$C_计 = \frac{-Q_V \times m - q \times L}{\Delta T} - W \times C_水 \tag{4-5}$$

其中，Q_V 为苯甲酸的燃烧热（$-26\,460\,\text{J} \cdot \text{g}^{-1}$）；$m$ 为苯甲酸的质量（g）；q 为引火丝单位长度的燃烧热（$-2.9\,\text{J} \cdot \text{cm}^{-1}$）；$L$ 为烧掉了的铁丝的质量（g）；W 为水桶中水的质量（g）（所量的水一定要保证把氧弹全部淹没，其温度的改变决定于待测样品发热量的大小）；$C_水$ 为水的比热容（$\text{J} \cdot \text{g}^{-1} \cdot \text{℃}^{-1}$）；$C_计$ 为氧弹、水桶等的总的比热（也称为热量计的水当量）（$\text{J} \cdot \text{℃}^{-1}$）；$\Delta T$ 为与环境无热交换时的真实温差。

由式（4-5）可知，要测得样品的 Q_V，首先需要知道仪器的水当量 $C_计$。测量的方法是，以一定量的、燃烧热已知的标准物质（比如，常用苯甲酸，其燃烧热以标准试剂瓶上所标明的数值为准），在相同的条件下进行实验。通过标准物质的燃烧，来测定仪器的水当量 $C_计$，然后测定样品的 Q_V，进而计算相应的 Q_p。

实际上氧弹式量热计不是完全绝热（adiabat）的，鉴于传热速率的影响，在温度达到最高值之前需要一段时间，而在这段时间内难免不会发生热的交换，从而导致温度读数不准确，因此需要对测量结果进行雷诺校正。

燃烧前后水温随时间变化的曲线($abcde$)如图 4-1 所示。图中，点 b 对应的是燃烧起始时的测量点(T_{min})，此时燃烧所释放的热量开始传导给介质，导致介质温度发生明显的升高。点 d 对应的是燃烧过程中所测量到的温度最高值(T_{max})。点 T_{mid} 对应的是 T_{min} 和 T_{max} 中间点(即 $T_{mid} = \dfrac{T_{max} - T_{min}}{2}$)，该点所对应的温度相当于室温。过点 T_{mid} 作时间轴(X 轴)的平行线，交测试曲线于点 c。过点 c 作温度轴(Y 轴)的平行线 $DD'AA'$，分别交 de 和 ab 的延长线于点 D 和点 A。此时，点 D 和点 A 所对应的温度差 ΔT 即为待测的温差(temperature difference)。样品开始燃烧后，除了样品燃烧所释放的热量能够导致介质的温度上升之外，环境和搅拌器还会以热辐射和热传导的形式传热给量热计导致温度上升，因此实测温度往往高于实际温度，由此产生的偏差必须要扣除。从开始燃烧到介质温度(T_{min})达到室温(T_{mid})的时间 Δt_1 内，由后者所产生的温度偏差为 AA'。从介质温度达到室温(T_{mid})后一直到温度达到最高值(T_{max})的时间 Δt_2 内，量热计以热辐射的形式将热量传递给了外部环境，此时实测温度低于实际温度，其偏差为 DD'。由此，A、D 两点的温差即为样品燃烧所导致的量热计温升的客观值。当氧弹量热计绝热情况良好，热漏较小时，由搅拌器所引入的热量将导致测量曲线不会出现最高值(图 4-1(b))。这种情况下的雷诺校正同上。

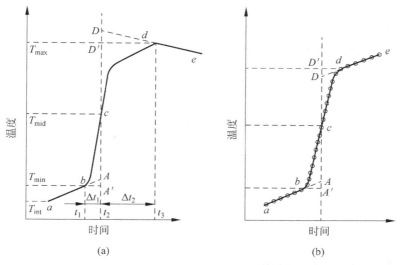

图 4-1　氧弹式量热计绝热较差(a)和绝热良好(b)时的雷诺校正曲线

三、仪器与试剂

本实验所用仪器设备和化学试剂如表 4-1 所示。

表 4-1　仪器设备和化学试剂一览表

名称	数量
氧弹式量热计	1 套
氧气钢瓶	公用

续表

名称	数量
点火变压器	1套
万用电表	公用
精密温差测量仪	1套
普通温度计(0～50℃)	1支
烧杯	1个
容量瓶(1000 mL)	1个
苯甲酸(分析纯)	约0.9 g
蔗糖(分析纯)	约1.5 g
铁丝	1根

四、实验步骤

基于每套仪器存在热容差异,因此,在测定蔗糖的燃烧热之前,应首先测出仪器的水当量。本实验采用燃烧热已知的苯甲酸作为标准物质来测定仪器的水当量。已知苯甲酸的恒容燃烧热为 26 442.9 $J \cdot g^{-1}$;蔗糖的恒容燃烧热为 16 526.8 $J \cdot g^{-1}$;铁丝的恒容燃烧热为 6694.4 $J \cdot g^{-1}$。如用铁丝作为引火物质,引火过程中它们也会燃烧放热,因此在计算时必须要考虑铁丝对测量所得燃烧热的贡献。

1. 仪器装置

本实验的仪器装置如图 4-2 所示。

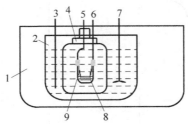

图 4-2　燃烧热实验装置示意图

1—燃烧热实验设备腔体;2—盛水桶;3—热电偶;4—氧弹;
5—电极接口(1);6—电极接口(2);7—搅拌器;8—测试样品;9—铁丝

2. 样品的制备(preparation of sample)

用分析天平秤取约 0.9 g 的苯甲酸,用压片机将其压制成片。压片时,不要用力过大或者过小。样片压得太紧,片太过致密,点火时不易全部燃烧;压得太松,样品则容易脱落,且在充氧气换气的过程中样品上的粉末易被吹散。将压制成片的样品在干净的滤纸上轻击二或三次(样品仍应保持块状),再用分析天平进行准确称量(小数点后应有四位有效数字),然后将其置于燃烧皿中,并将燃烧皿安装在氧弹内的燃烧皿架上。

3. 缠铁丝与氧弹组装

取一根铁丝,准确测量其长度并记录。将铁丝的中部缠绕在圆珠笔芯上使其旋为螺纹状;然后将圆珠笔芯抽出,用净布将氧弹内部擦干净,按图 4-2 所示将铁丝两端分别绑牢于氧弹中的两根电极上,并使铁丝中部与样品充分接触,但务必避免与燃烧皿相碰,以免造成短路。接着,在氧弹杯中注入 10 mL 水,把电极放入氧弹中,用手拧紧。最后,用万用电表检查两极间电阻值(一般不应大于 10 Ω),保证线路连接良好。

4. 充氧气

打开氧气瓶总阀门后,调节氧气瓶减压阀副表的指针至 2 MPa 左右。将充气转置的导气口与氧弹的进气口对齐,下压充气装置的拉杆进行充气。10 s 后上提充气装置拉杆,充气结束。然后把放气螺栓套在氧弹进气口,下压放气(放气螺栓出气口不要对人)以赶出氧弹内的空气。放气后再按照前述步骤进行充气。为了保证样品能够充分燃烧,需要进行 3 次气体置换。充气结束后,关闭氧气瓶总阀门,放掉残留余气,关闭减压表。最后再次用万用表检查两电极间的电阻。如阻值过大,可能是电极与弹壁短路,则应放出氧气,开盖检查。待检查无误后重新充气,待用。

5. 苯甲酸燃烧热的测量

将充好氧气的氧弹放入仪器内桶(盛水桶)中。用容量瓶准确量取 3000 mL(此为参考值,具体体积应视实际情况而定)的水并倒入盛水桶 2 中。连接控制器上的两根点火电极 5、6(一根插入氧弹盖上的专用小孔内,另一根带有螺帽的电极旋紧在气阀柄上)。盖上盖子,装上贝克曼温度计 3 的热电偶插头,开动搅拌器 7。搅拌 3~4 min,待温度变化基本稳定后(温度变化均匀),将温差仪"采零"并"锁定"。设置蜂鸣为 60 s 一次,每隔 60 s 记录一次温差值(精确至±0.002℃),直至连续 10 次水温有规律微小变化。接着设置蜂鸣为 15 s 一次,按下"点火"按钮,此时点火指示灯灭,停顿一会儿点火指示灯又亮,直到燃烧丝烧断,点火指示灯熄灭。氧弹内样品一经燃烧,水温很快上升,点火成功。之后,每隔 15 s 记录一次温差值,直至两次读数差值小于 0.005℃。最后设置蜂鸣为 60 s 一次,每隔 60 s 记录一次温差值(精确至±0.002℃),连续读 10 个点,实验结束。

实验结束后,关闭电源,取出温度探头,拿出氧弹,用放气螺栓放出氧弹内的余气(出气口不要对人)。旋下氧弹盖,测量燃烧后残丝长度并检查样品燃烧情况,若氧弹中没有黑色的残渣,表示燃烧完全;若有黑色残渣,则表示燃烧不完全,实验失败。

点火后,如果水温没有明显的上升,请依次检查温度传感器位置是否正确(是否插入盛水桶内,并没入水中);确认氧弹换气步骤没有问题;点火装置是否能够正常工作(可将点火电极连接于连有铁丝的氧弹电极,在空气中进行点火。如果铁丝熔断、火星四溅,则表明点火装置能够正常工作);打开氧弹,检查铁丝是否熔断,样品是否完好无损。仔细分析原因,并一一排除。

6. 蔗糖燃烧热的测量

粗略称取约 1.5 g 蔗糖,压片后精确称重(注意清洗压片机,不可混入苯甲酸),同法进行上述实验操作一次。

五、数据记录与处理

(1) 将在水当量及燃烧热中测得的温度与时间的关系分别列表。

(2) 采用 Origin 软件,通过作图法分别求出苯甲酸和蔗糖燃烧时,量热计温度的升高值 ΔT。

(3) 计算水当量和蔗糖的恒容、恒压燃烧热,并与理论值进行比较。

(4) 从仪器精度的角度,分析实验结果的准确性,并指明其误差来源。

六、注意事项

(1) 样品压片不可太紧或太松,太紧不易燃烧,太松易导致燃烧不充分。
(2) 安装样品时,燃烧丝一定不能与燃烧皿接触,接触会造成短路,进而导致点火失败。
(3) 充气前可先将导电电极插上,测试点火电路是否正常。
(4) 充氧时注意氧气钢瓶和减压阀的正确使用顺序,注意减压阀的旋动方向,手上不可附有油腻物。
(5) 为避免腐蚀,必须清洗氧弹。
(6) 为了使被测物质能迅速而完全地燃烧,本实验中采用 15~20 个大气压的氧气作为氧化剂。

七、思考题

(1) 为什么进行燃烧前要加少量水到氧弹中?
(2) 如果水桶中的水温比室温低,对实验结果会有什么影响?
(3) 如何确定样品的质量?燃烧后的温升范围应该控制在什么范围?过大或过小可能对实验结果产生何种影响?
(4) 在使用氧气钢瓶及氧气减压阀时,应注意哪些规则?
(5) 用电解水制得的氧气进行实验可以吗?为什么?
(6) 测量非挥发性可燃液体的热值时,能否直接放在氧弹中的石英杯(或不锈钢杯)里测量?

八、其他拓展

苯甲酸和蔗糖的恒压燃烧热及其测试条件如表 4-2 所示。能量单位换算:1 J = 0.239 006 cal。

表 4-2 苯甲酸和蔗糖的恒压燃烧热及其测试条件

物质	测试条件	恒压燃烧热		
		kcal·mol^{-1}	kJ·mol^{-1}	J·g^{-1}
苯甲酸	$p^{\ominus}$,20℃	−771.24	−3226.9	−26 460
蔗糖	$p^{\ominus}$,25℃	−1348.7	−5643	−16 486

实验 2 凝固点降低法测定摩尔质量

一、实验目的

1. 采用凝固点降低法测定萘(naphthalene)的摩尔质量(molar mass)。
2. 掌握数字温差测量仪的使用方法。
3. 掌握溶液凝固点(freezing point)的测定技术。
4. 加深"稀溶液依数特性"的理解。

二、实验原理

本实验隶属于《物理化学》的"溶液-多组分体系热力学在溶液中的应用"章节。实验的开展主要是为了帮助同学们进一步理解稀溶液的依数性。

通常情况下,溶液指的是一种及一种以上物质以分子或者离子的状态均匀分布于另一种物质所形成的稳定混合物。根据物质聚集状态的不同又可分为气态溶液(如空气)、液态溶液(如硫酸铜溶液)和固态溶液(或称为固溶体,如合金)。按照含量多少,将含量少的物质称为溶质,含量多的物质称为溶剂。

1. 溶液组成的表示方法

溶液的组成可以用物质的量分数、质量摩尔浓度、物质的量浓度等来表示。以溶质 A、非挥发性溶剂 B 组成的非电解质溶液为例。

A 的物质的量分数 x_A 为

$$x_A = \frac{n_A}{n_A + n_B} \tag{4-6}$$

其中,n_A 为溶质 A 的物质的量;n_B 为溶剂 B 的物质的量。

假设 m_A(质量摩尔分数)是 1 kg 溶剂 B 中所含的溶质 A 的物质的量,M_B 是溶剂 B 的摩尔质量,则

$$x_A = \frac{m_A M_B}{1 + m_A M_B} \tag{4-7}$$

溶质的摩尔浓度 c_A 可以表示为

$$c_A = \frac{\rho(n_A + n_B)}{n_A M_A + n_B M_B} x_A \tag{4-8}$$

其中,M_A 为溶质 A 的摩尔质量;ρ 为溶液的密度。

当 m_A 非常小时(浓度非常稀时):

$$x_A = m_A M_B \tag{4-9}$$

$$c_A = \frac{\rho}{M_B} x_A$$

$$m_A = \frac{c_A}{\rho}$$

2. 稀溶液的性质

稀溶液中有两个重要的经验公式,即拉乌尔定律和亨利定律。

拉乌尔定律(Raoult's Law):定温下,在稀溶液中,溶剂的蒸气压等于纯溶剂的蒸气压乘以溶液中溶剂的摩尔分数。若溶液中只有两种组分,则溶剂蒸气压的降低值与溶剂蒸气压之比等于溶质的摩尔分数。

亨利定律(Henry's Law):在一定温度和平衡状态下,气体在液体里的溶解度(物质的量分数)和该气体的平衡分压成正比。

3. 稀溶液凝固点降低依数性的定量关系

在压力 p 下,凝固点 T 处,固态溶剂与液态溶液呈两相平衡(下角标 B 表示溶剂),其化学势可以表示为

$$\mu_B^s(T, p) = \mu_B^l(T, p, x_A) \tag{4-10}$$

$$d\mu_B^s = d\mu_B^l$$

$$\left(\frac{\partial \mu_B^s}{\partial T}\right)_p dT = \left(\frac{\partial \mu_B^l}{\partial T}\right)_{p,x_B} dT + \left(\frac{\partial \mu_B^l}{\partial x_B}\right)_{T,p} dx_B$$

对于稀溶液:

$$\mu_B = \mu_B^\ominus + RT\ln x_B$$

$$\left(\frac{\partial \mu_B^l}{\partial T}\right)_{p,x_B} dT + \left(\frac{\partial \mu_B^l}{\partial x_B}\right)_{T,p} dx_B = R\ln x_B dT + \frac{RT}{x_B} dx_B$$

$$\left(\frac{\partial \mu_B^l}{\partial T}\right)_{p,x_B} dT + \left(\frac{\partial \mu_B^l}{\partial x_B}\right)_{T,p} dx_B = -S_{B,m}^l dT + \frac{RT}{x_B} dx_B$$

$$-S_{B,m}^s dT = -S_{B,m}^l dT + \frac{RT}{x_B} dx_B$$

$$S_{B,m}^l - S_{B,m}^s = \frac{\Delta H_m(B)}{T}$$

$$\frac{\Delta H_m(B)}{RT^2} dT = \frac{1}{x_B} dx_B$$

$$\ln x_B = \frac{\Delta H_m(B)}{R}\left(\frac{1}{T_{pl}} - \frac{1}{T}\right)$$

其中,T_{pl} 是纯溶剂的凝固点;$\Delta H_m(B)$ 是 1 mol 固态溶剂融化进入溶液所释放的热。

$$\ln(1 - x_A) = \frac{\Delta H_m(B)}{R}\left(\frac{1}{T_{pl}} - \frac{1}{T}\right) \tag{4-11}$$

其中,x_A 为溶质的物质的量分数。

对于极稀的溶液:

$$x_A = \frac{\Delta H_m(B)}{R}\left(\frac{1}{T_{pl}} - \frac{1}{T}\right) \tag{4-12}$$

4. 过冷度

过冷度指的是物质(比如金属、合金、晶体、溶剂等)的理论结晶温度与实际的结晶温度的差值。过冷度的大小与冷却速度密切相关。冷却速度越快,实际结晶温度就越低,过冷度就越大,反之亦然。

5. 凝固潜热(ΔH_m)与过冷度ΔT 的关系

固液转变时,单位体积自由能的变化 $\Delta G = G_s - G_l$

$$\Delta G = H_s - TS_s - H_l + TS_l$$

$$\Delta G = (H_s - H_l) - T(S_s - S_l)$$

当温度 T 等于凝固点温度 T_m 时,$\Delta G = 0$,所以

$$(H_s - H_l) = \Delta H_m = T_m(S_s - S_l) \tag{4-13}$$

在结晶过程中,体系自由能的变化 ΔG 为

$$\Delta G = \Delta H_m - T\Delta S$$

$$\Delta G = \Delta H_m - T\frac{\Delta H_m}{T_m} = \frac{\Delta H_m(T_m - T)}{T_m} = \frac{\Delta H_m \Delta T}{T_m} \tag{4-14}$$

6. 利用凝固点测定相对分子质量的原理

稀溶液具有依数性质(colligative properties)，凝固点的降低正是稀溶液依数特性的一种表象。稀溶液凝固点的降低程度仅仅取决于溶质粒子数目(the number of solute particles)的多少，而与溶剂的本性(nature of solvent)无关。

溶液的凝固点系指固态纯溶剂和液态溶液呈二相平衡时的温度。溶剂中加入一种非挥发性(non-volatile)溶质(solute)后所形成的二元稀溶液(binary diluted solution)，假设溶剂与溶质不会生成固溶体(solid solution)，其凝固析出纯固体溶剂的温度往往低于纯溶剂时的凝固点。凝固点降低的这一现象便是稀溶液的依数性。实验证明，随着溶质质量摩尔浓度的增加，溶液的凝固点呈线性降低。溶质摩尔质量的增加和凝固点的降低可用式(4-14)和式(4-15)进行数学表达。

$$\Delta T = T_f^* - T_f = \frac{R(T_f^*)^2}{\Delta_r H_{m,B}} \frac{n_A}{n_A + n_B} \tag{4-15}$$

$$\frac{n_A}{n_A + n_B} \approx \frac{n_A}{n_B} \quad (\text{极稀的溶液})$$

$$\Delta T = \frac{R(T_f^*)^2}{\Delta_r H_{m,B}} \frac{n_A}{n_B} = \frac{R(T_f^*)^2}{\Delta_r H_{m,B}} M_B \frac{W_A}{W_B M_A} = K_f m_A \tag{4-16}$$

其中，ΔT 为溶液凝固点的降低值；R 为理想气体常数($J \cdot mol^{-1} \cdot K^{-1}$)；$\Delta_r H_{m,B}$ 为溶剂的摩尔凝焓($kJ \cdot mol^{-1}$)；n_A 和 n_B 分别为溶质 A 和溶剂 B 的物质的量；T_f^* 为纯溶剂的凝固点，T_f 为溶液的凝固点；W_A 和 W_B 分别为溶质和溶剂的质量(kg)；M_A 和 M_B 分别为溶质和溶剂的摩尔质量($g \cdot mol^{-1}$)；m_A 为溶液中溶质 A 的质量摩尔浓度($mol \cdot kg^{-1}$)；K_f 为溶剂 B 的质量摩尔凝固点降低常数(或称下降系数，depression coefficient；$K \cdot kg \cdot mol^{-1}$)，它的数值大小仅与溶剂的性质有关。

整理式(4-16)得式(4-17)：

$$M_A = K_f \frac{1000 m_A}{\Delta T m_B} \tag{4-17}$$

由式(4-17)可知，若已知溶剂的凝固点降低常数值 K_f，溶质和溶剂的质量比 $\frac{m_A}{m_B}$，则通过实验测定该溶液的凝固点降低值 ΔT，即可计算出溶质的相对分子质量 M_A。

除此之外，凝固点的降低除了取决于溶液中溶质的有效数目以外，还与溶质的解离、缔合、溶剂化及配合物的形成等有关。因此，凝固点降低法亦可以用于溶液热力学性质(如电解质的电离度、溶质的缔合度、溶剂的渗透压系数、溶剂的活度系数、溶质的扩散系数等)等方面的研究。

7. 凝固点的测定原理

本实验中，采用过冷法来测量溶剂或者溶液的凝固点。首先，在保证无晶体析出的前提下，将纯溶剂或者浓度已知的溶液逐渐冷却至凝固点以下而形成过冷液体(supercooled liquid)。然后，搅拌该过冷液体或向该过冷液体中加入晶种(籽)后，很快就会有晶体(溶剂)析出。晶体析出释放凝固热(heat of solidification)，致使体系温度逐渐上升；温度的回升又有利于晶体的溶解。当晶体析出所释放出的热量等于晶体融解所吸收的热量(凝结过程)时，也就是结晶过程和溶解过程达到动态平衡的时候，体系的温度将不再发生变化，并到达最高点。此温度最高点即为该溶液的凝固点。但是,过冷度(degree of supercooling)过大或寒剂(cryogen)温度过低,晶体析出所释放的凝固热将抵偿不了晶体融解所需要的热量,将会导致体系温度不再回升到凝固点,并在低于凝固点的温度下完全凝固,因此难以得到正确的凝固点。反之,过冷度过小或者寒剂温度过高,要么没有晶体析出,要么晶体析出所释放的凝固热高于晶体融解所需要的热量,将会导致体系温度上升,致使没有晶体析出。

结合相率定性讨论过冷曲线。依据相律(Gibbs Phase Rule)可知,在压力恒定($\Delta p=0$)的条件下,凝固前温度随时间均匀下降,其自由度为1;随着环境温度的继续降低,当纯溶剂体系达到固-液二相平衡时,其自由度(degree of freedom, f^*)为零,即 $f^*=1$(组分数)-2(共存的相数)$+2$(温度和压强)-1(压力不变)$=0$,晶体析出所放出的热量补偿了对环境的热散失,温度保持恒定,所以固-液二相平衡时的凝固点是固定不变的,在冷却曲线中表现为一条水平的线段,如图 4-3(a)所示,该水平线段所对应的温度即为纯溶剂的凝固点 T_f^*;随着温度的继续降低,纯溶剂将会全部凝固(共存相数为1),此时温度再次逐渐下降(自由度为1)。但实际上,纯溶剂凝固初始所析出的晶粒较小,所对应的饱和蒸气压较大于同条件下液体的饱和蒸气压,因此产生了过冷的现象,即低于凝固点后才会出现析晶现象,如图 4-3(b)所示。

然而,基于溶质的存在,溶液的冷却情况与纯溶剂的截然不同。当体系达到固-液二相平衡的时候,其自由度为1,即 $f^*=2-2+2-1=1$,所以根据相律可知,此时溶液的凝固点并不是一成不变的,而是随着液相组成的改变而发生相应的变化。当溶液冷却至凝固点以下后,固态纯溶剂开始大量析出。但是,与纯溶剂凝固不同的是,随着固态纯溶剂的析出,溶液的浓度将随之逐渐增大。因此,溶液的凝固点将随着溶剂的析出而不断下降,表现在冷却曲线上为一条具有一定斜率的斜线段,如图 4-3(c)所示。在步冷曲线中,两条斜线转折点所对应的温度即为该溶液的凝固点 T_f。假设溶液的过冷程度不大,析出固态溶剂的量(溶剂的减少量)对溶液的浓度影响不大,则可以将温度回升的最高点作为溶液的凝固点,如图 4-3(d)所示。但是,如果过冷度过大,凝固的溶剂过多(溶剂损失过多),致使溶液的浓度变化过大,从而导致测量所得的凝固点偏低,如图 4-3(e)所示。

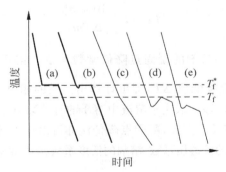

图 4-3 纯溶剂和溶液的过冷曲线

纯液体的过冷曲线(a)及其过冷度较大时的过冷曲线(b),
溶液的过冷曲线(c)及其过冷度不大(d)和过冷度过大(e)时的过冷曲线

本实验中,采用过冷法先后确定纯溶剂(环己烷)和溶液(萘的环己烷溶液)的凝固点,进而可得其温差和溶质的相对分子质量。但是,由于凝固点的温差较小,所以为了较为准确的计算出相应的差值,进而较为准确的计算出萘的相对分子质量,故选用较为精密(或者精度较高)的仪器来进行测量。在本实验中,选用数字贝克曼温度计来进行相关温度的测量。

三、实验装置

实验中所采用的试验装置如图4-4所示。

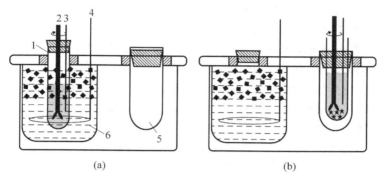

图 4-4 凝固点降低法测定摩尔质量实验的装置示意图
1—凝固点测量管;2—搅拌器;3—温度传感器;4—寒剂搅拌器;5—空气测量套管;6—寒剂(冰水混合物)

四、仪器与试剂

本实验所用仪器设备和化学试剂如表4-3所示。

表 4-3 仪器设备和化学试剂一览表

名称	数量
凝固点测定仪	1套
数字贝克曼温度计	1台
普通温度计(0~25℃)	1支
移液管(25 mL)	1支
分析天平	1台
环己烷(分析纯)	25 mL
萘(分析纯)	0.2~0.3 g
碎冰块	若干

五、实验步骤

1. 仪器的安装

(1) 实验装置的接法如按图4-4(a)和(b)所示。安装前,请务必保证凝固点测量管1、搅拌棒2和温度传感器3的清洁和干燥。在安装的过程中,请保证搅拌棒与温度传感器之间留有足够的间隙,以保证搅拌棒运动时不与温度传感器发生摩擦。

(2) 调节温差测量仪。使温度计探头在空气测量套管5中时,其温差测量仪的数字示数为0左右。

(3) 调节冰水浴(寒剂)温度为3.5℃左右。冰的溶解会导致体系温度的下降,因此可以通过上下移动寒剂搅拌器和/或不断往水中加入碎冰等方式,使冰水浴的温度基本保持不变。

2. 溶剂凝固点的测定

（1）粗测。用移液管向清洁、干燥的凝固点测量管 1 中加入 25 mL 环己烷，放入搅拌器 2，再将温度传感器 3 插入。温度传感器 3 应位于环己烷液体的中间位置。旋紧橡胶塞，以免环己烷的挥发，记下此时环己烷的温度值（注意冰水液面要高于测量管中环己烷的液面）。

先将盛有环己烷的凝固点测量管 1 直接插入 3.5℃ 左右的冰水浴中，调节搅拌器 2 旋钮，通过平稳搅拌使溶剂的温度逐渐降低。当发现有固体析出时，将凝固点测量管 1 从冰水浴 6 中取出，擦干管外冰水后插入空气套管 5 中。继续搅拌（约每秒钟 1 次），观察贝克曼温度计的读数，直到温度回升稳定为止。此时最高的温度即为环己烷的近似凝固点。

（2）细测。取出凝固点管，用手捂住管壁片刻，使管中固体全部熔化。然后将凝固点测量管放入 3.5℃ 的冰水浴中，缓慢搅拌以使环己烷迅速冷却。当温度降至高于近似凝固点 0.5℃ 的时候，把凝固点测量管从冰水浴中取出。擦干管外冰水后迅速插入空气套管中，继续搅拌使环乙烷的温度均匀下降。当温度低于近似凝固点 0.3℃ 的时候（注意要避免使过冷超过 0.5℃），快速搅拌；当温度开始回升时，立即改为缓慢搅拌。连续记录温度回升后贝克曼温度计的读数，直至稳定或又开始降低。温度的最大值即为该溶剂的凝固点温度。重复测定 3 次，每次的测量结果之差不应超过 0.006℃，取 3 次的平均值作为纯环己烷的凝固点。

3. 溶液凝固点的测定

取出凝固点管，如前所述将管中环己烷融化。用分析天平精确称量 0.08～0.10 g 的萘（小数点后应有四位有效数字），然后小心地倒入装有环己烷的凝固点测量管中。待萘全部溶解后，测定该溶液的凝固点。测量方法与纯溶剂的相同，即先测近似的凝固点，再进行精确测定。唯一的不同是溶液的凝固点是取回升后所达到的最高温度。重复 3 次，取平均值。

4. 实验完成

将萘-环己烷溶液倒入回收瓶，洗净样品管，关闭电源，排出冰水浴中的冷却水，擦干搅拌器，整理实验台。

六、数据记录与处理

（1）用环己烷的密度 $\rho(\text{g}\cdot\text{cm}^{-3})=0.7971-8.879\times10^{-4}t(℃)$ 计算室温 t 时环己烷的密度，用于计算所量取的环己烷的质量 W_B。

（2）将实验数据记录于表 4-4 中。

表 4-4　凝固点降低法测萘相对分子质量的数据

物质	质量	凝固点 T_f			凝固点降低值	萘的相对分子质量
		测量值（从低到高连续记录，直至再次开始下降）	最高值	平均值		
环己烷						
萘						

(3) 环己烷的理论凝固点大约为 6.5℃；环己烷的 K_f 约为 20.2 K·kg·mol^{-1}。

(4) 通过已有数据计算萘的相对分子质量，并计算其与理论值(128.17 g·mol^{-1})的相对误差。

七、注意事项

(1) 搅拌速度的控制是做好本实验的关键。每次测定应按要求的速度搅拌，并且测溶剂与溶液凝固点时保证搅拌条件完全一致。此外，准确读取温度也是实验的关键所在，应读准至小数点后 3 位。

(2) 寒剂温度对实验结果也有很大的影响。寒剂温度过高会导致冷却速度太慢，过低则会导致测不出正确的凝固点。

(3) 测量过程中，析出的固体越少越好，以减少溶液浓度的变化，进而保证溶液凝固点的准确测定。若过冷太甚，则溶剂凝固越多，溶液的浓度变化太大，导致测量值偏低。

(4) 测试的过程中可通过加速搅拌、控制过冷温度等措施来进行过冷度的控制。

(5) 在实验过程中应不断搅拌并补充碎冰，使寒剂温度基本保持不变。注意冰水浴高度要超过凝固点管中环己烷的液面。

(6) 从相率看，溶液达到固-液二相共存时，自由度为 1，温度仍可继续下降。但是溶剂凝固放热使温度回升，待温度回升到最高点后继续下降，所以在冷却曲线中不会出现水平线段。此外，溶剂析出后，溶液浓度逐渐增大，其回升的温度不再是原浓度的凝固点，因此严格的做法应该采用外推法加以校正。

八、思考题

(1) 空气套管的功用是什么？

(2) 为什么要先测近似凝固点(粗测)？

(3) 加入溶质的量根据什么原则来进行考虑？溶质太多或太少对溶质相对分子质量的测定影响如何？

(4) 本实验中搅拌的速度如何控制？太快或太慢会有何影响？

九、其他拓展

本实验采用数字式贝克曼温度计(其面板如图 4-5 所示)来进行温度和温差的测量，其使用说明如下：

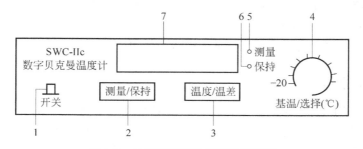

图 4-5　贝克曼温度计前面板示意图

(1) 电源开关。
(2) 测量/保持转换键：按下此键可在测量功能与保持功能之间进行转换。
(3) 温度/温差转换键：按下此键可在温度显示与温差显示之间进行转换。
(4) 基温选择旋钮：根据实验需要选择适当的基温，使温差绝对值尽可能的小。
(5) 测量指示灯：灯亮，表明仪器处于测量状态。
(6) 保持指示灯：灯亮，表明仪器处于保持状态。
(7) 温度、温差显示窗口：显示温度或温差值。

部分试剂的凝固点降低常数和沸点上升常数如表 4-5 所示。

表 4-5　部分溶剂的凝固点降低常数 K_f 和沸点升高常数 K_b

物质	t_f/℃	K_f/(K·kg·mol^{-1})	t_b/℃	K_b/(K·kg·mol^{-1})
水(H_2O)	0.00	1.86	100.0	0.51
二硫化碳(CS_2)	−111.6	3.80	46.3	2.29
乙酸(CH_3COOH)	16.66	3.90	118	3.07
1,4-二氧六环($C_4H_8O_2$)	11.8	4.63	101.3	—
苯(C_6H_8)	5.533	5.12	80.1	2.53
硝基苯($C_6H_5NO_2$)	5.7	6.9	210.9	5.27
萘($C_{10}H_8$)	80.25	6.94	218	5.65
苯酚(C_6H_5OH)	41	7.27	180	3.04
环乙烷(C_6H_{12})	6.54	20.2	80.7	—
四氯化碳(CCl_4)	−22.95	29.8	76.72	5.02
樟脑($C_{10}H_{16}O$)	178.75	37.7	204(升华)	—

实验 3　纯液体饱和蒸气压的测量

一、实验目的

1. 采用静态法测定乙醇在不同温度下的饱和蒸气压，通过图解法求解其平均摩尔汽化热(enthalpy of vaporization per mol)和正常沸点(normal boiling point)。
2. 学习纯液体饱和蒸气压及气、液两相平衡的概念，理解纯液体饱和蒸气压与温度的关系，即克劳修斯-克拉贝龙方程式的含义。
3. 熟悉和掌握数字气压计和真空泵的构造和使用。

二、实验原理

在一定的温度下，真空密闭容器中气-液两相达到动态平衡时(此时，蒸气分子向液面凝结的速率等于液体分子气化进入气相的速率)蒸气的压力即为该液体的饱和蒸气压。蒸发 1 mol 液体所需要吸收的热量为该温度下液体的摩尔汽化热。

液体的饱和蒸气压与温度有关。温度越高，分子的布朗运动越剧烈，单位时间内从液面逸出而进入气相的分子数越多,所以蒸气压也越大;反之亦然。当蒸气压等于外界压力时,液体便开始沸腾,此时相对应的温度即为该压力下的沸点。因此,外部压力不同,液体的沸点也不尽相同。比如,海拔 6000 m 的青藏高原,其压力大约为 61.125 kPa,此时水的沸点只有 80℃,而非标准情况下的 100℃。通常情况下,我们把外压为 101.325 kPa(1 个标准大气压)时的沸腾温度定义为该液体的正常沸点。

饱和蒸气压与温度的关系可以用克劳修斯-克拉贝龙方程式(简称克-克方程)来表示,如式(4-18)所示。

$$\frac{\mathrm{d}p}{\mathrm{d}T} = \frac{\Delta_{\mathrm{vap}} H_{\mathrm{m}}}{T \Delta V_{\mathrm{m}}} \tag{4-18}$$

若引入下列假设:
(1) 蒸气是理想气体;
(2) 与蒸气的摩尔体积相比,液体的摩尔体积可以忽略不计;
(3) 摩尔汽化热 $\Delta_{\mathrm{vap}} H_{\mathrm{m}}^*$ 与温度无关。
则对式(4-18)积分可得式(4-19):

$$\ln p = -\frac{\Delta_{\mathrm{vap}} H_{\mathrm{m}}}{TR} + C \tag{4-19}$$

其中,p 为液体在温度 T 时的饱和蒸气压;R 为理想气体常数(8.314 J·mol^{-1}·K^{-1});C 为积分常数。

根据克-克方程可知,$\ln p$ 随着 $\frac{1}{T}$ 的减小(T 的升高)而呈线性降低,表现为一条斜率为 $m = -\frac{\Delta_{\mathrm{vap}} H_{\mathrm{m}}}{RT}$,截距为 C 的一条直线。实际的过程中,采用最小二乘法,对所得数据进行线性拟合即可求得汽化焓 $\Delta_{\mathrm{vap}} H_{\mathrm{m}}$。

用于测定纯液体饱和蒸气压的方法主要有 3 种:动态法、静态法、饱和气流法。本实验将采用静态法测量不同压力下的饱和蒸气压。把待测物质放在一个封闭的体系中,然后直接测量不同温度下(通过水浴加热升温)气-液两相动态平衡时的饱和蒸气压或者直接测量不同外压下液体的沸点。

三、实验装置

本实验主要测定无水乙醇在不同温度下的饱和蒸气压,其实验装置如图 4-6 所示。平衡管 3 由 3 个相连的玻璃球 a、b、c 组成,其中 a 球中存储待测液体,b 球和 c 球中液体在底部连通。当 a 球与 c 球的空管部充斥着纯的待测液体的蒸气,并且 b 球和 c 球的液面平齐,则表示 b 球上方的压力(外压)等于 a 球上方的压力(蒸气压),此时液体出现沸腾现象,其对应的温度即为沸点。

四、仪器与试剂

本实验所用仪器设备和化学试剂如表 4-6 所示。

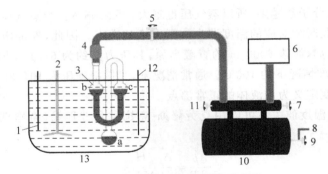

图 4-6 饱和蒸气压实验装置示意图

1—加热棒；2—搅拌器；3—平衡管；4—冷凝管(接水，上出下进)；5—阀门；
6—数字压力计；7—放气阀；8—真空泵接口；9—抽真空阀；10—缓冲罐；
11—平衡阀；12—热电偶；13—水浴槽

表 4-6 仪器设备和化学试剂一览表

名称	数量
纯液体饱和蒸气压测定装置	1套
恒温装置	1套
乙醇(分析纯)	若干

五、实验步骤

(1) 仪器设备的安装。按照图 4-6 安装好实验装置。

(2) 压差计的校准。打开数字压差计电源开关，按单位选择键调至显示单位为"kPa"。然后关闭平衡阀 11，打开放气阀 7，待压差计显示数字稳定后，按"采零"键，使数字显示为 0.00 kPa。

(3) 系统的气密性检查。打开抽气阀门 5、抽真空阀 9 和平衡阀 11，关闭放气阀 7(4 个阀门均为顺时针旋转关闭，逆时针旋转开启)；启动真空泵开始抽气，待压力表示数为 −100 kPa 左右后，关闭抽真空阀 9 和真空泵；观察数字压力计示数变化，若显示数值无上升(通常情况下，示数不会保持固定不变，而是会呈一种周期性的变化，如 −100、−98、−100、−99、−100 等)，则说明测试系统气密性良好，否则需查找原因，进而清除漏气原因直至合格。

(4) 装样。若系统符合气密性的要求，打开放气阀 7 使体系的压力为 0.00 kPa 以备后续装样。将干净的平衡管放在烘箱中或煤气灯上进行加热，以赶出管内的部分空气；然后将液体自平衡管 b 球的上方鼓入，接着利用热胀冷缩的原理，把平衡管置于冷水中进行冷却，致使液体流入 a 球。如此重复使流入的液体量不超过 a 球高度的 2/3。

(5) 抽真空。为了减小测量误差，提高测试的精度，务必保证 a 球和 c 球液体以上为真空，因此需要对测试体系抽真空。打开抽真空阀 9、平衡阀 11 和真空泵开始抽气。在抽真空的过程中，ac 弯管内的气体(主要为空气)不断经 b 管逸出，与此同时 b 管中的液面逐渐高于 c 管液面。继续抽真空至 −90 kPa 以上，认为 ac 弯管内封闭的空气已经被排除干净。关闭抽真空阀 9 后，关闭真空泵，停止对系统抽气，最后关闭平衡阀 11。

(6) 温度的调节。接通恒温槽总电源，打开电源和搅拌器开关调节搅拌器转速，按下温度设定开关进行温度的设定。比如设定目标温度为 50℃。当温度传感器测量的温度低于设定温度,加热棒开始加热;当温度传感器测量的温度等于设定温度后开始自行恒温。

(7) 饱和蒸气压的测量。待到达设定温度后开始相应的测试。缓缓打开放气阀 7,使少许空气缓慢进入系统,待等压计内 b、c 两球的液面缓慢变化至两侧液面相平齐时,迅速关闭放气阀 7,同时读出压力和温度。计算所测温度下的饱和蒸气压($p_{饱和}=p_{气}-p_{表}$);然后打开平衡阀 11,使 b 管液面高于 c 管液面,重复此步骤至少 3 次,使每次读出的压力数值误差≤0.1 kPa。此状态表明样品球液面上的空间已全部被乙醇蒸气所充满。

(8) 不同温度下(25℃、30℃、35℃和40℃)乙醇饱和蒸气压的测定。具体的方法同步骤(7),但是应该注意升温过程中需经常开启放气阀 7,缓缓放入空气,使 U 形管两臂液面接近相等;如果放入的空气过多,则需要缓慢打开平衡阀 11,甚至打开抽真空阀 9 进行抽气。

(9) 实验完成后,确定抽真空阀 9 处于关闭状态,缓慢打开放气阀 7 和平衡阀 11,放入空气,最后打开抽真空阀 9,使系统与大气相通,直至压力计显示为零。切断所有电源。

六、数据记录与处理

(1) 将测得的数据和计算结果列表,如表 4-7 所示。

表 4-7　不同温度下,乙醇饱和蒸气压的测量值

$T/℃$	$\Delta p/\text{Pa}$	$(p=p_0+\Delta p)/\text{Pa}$	$\ln p$	$(1/T)/\text{K}^{-1}$	备注
20					
25					
30					
35					
40					

(2) 根据所测数据,绘出 $\ln p$-$1/T$ 的离散点图。

(3) 采用最小二乘法线性拟合数据点,由拟合直线的斜率计算出被测液体在实验温度区间内的平均摩尔汽化热 $\Delta_{\text{vap}}H_{\text{m}}$,进而将计算结果与文献值进行比较,分析其误差来源。

(4) 规范作图,正确利用作图法求解直线的斜率。

七、注意事项

(1) 务必保证充分排净等压计 a 球液面上的空气,使 ac 液面间只含有待测液体的蒸气分子(如果数据偏差在正常误差范围内,可认为空气已排净)。

(2) 抽气的速度要适中。必须防止等压计内液体沸腾过剧,否则容易导致 U 形管内封液体被抽尽(乙醇容易挥发)。

(3) 等压计的溶液部分必须放置于恒温水浴的液面以下,否则所测溶液温度与水浴温度不同。

(4) 调节放气阀 7 时一定要缓慢;待等压计 b、c 两管中液面调平齐后,一定要迅速关闭进气阀门,以防止空气倒灌;若 bc 弯管内混入空气,则会导致实验数据偏大。

(5) 实验结束后,缓慢打开放气阀 7 使系统内压力为 0.00 kPa(或者常压)。

八、思考题

(1) 如何判定 bc 弯管内的空气已经被抽尽？如未排尽空气，对实验有何影响？
(2) 升温过程中如果液体急剧沸腾，应该如何处理？
(3) 实验过程中为什么要防止空气倒灌？应如何操作？
(4) 为什么温度越高测出的蒸气压误差越大？

九、其他拓展

1. 精密数字压力计

精密数字压力计的面板如图 4-7 所示。

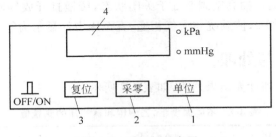

图 4-7　前面板示意图

(1) 单位键：选择所需要的计量单位。
(2) 采零键：扣除仪表的零压力值（即零点漂移）。
(3) 复位键：程序有误时重新启动 CPU。
(4) 数据显示屏：显示被测压力数据。

2. 缓冲储气罐

缓冲储气罐的气路如图 4-8 所示。缓冲储气罐的使用方法如下：

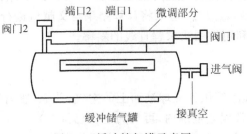

图 4-8　缓冲储气罐示意图

(1) 安装。用橡胶管将真空泵气嘴与缓冲罐接嘴相连。端口 1 与测试系统相连，端口 2 与数字压力表连接。
(2) 整体气密性检查。抽好真空后，关闭阀门 1（放气阀 7）、进气阀、抽真空阀 9 和端口 2，打开阀门 2（平衡阀 11），观察压力计的示数变化。
(3) "微调部分"的气密性检查。关闭阀门 2（即图 4-6 中平衡阀 11），用阀门 1（即图 4-6 中放气阀 7）调整"微调部分"的压力，使之低于压力罐中压力的 1/2，观察数字压力计，其显示值无变化，说明气密性良好。若显示值有上升说明阀门 1 泄漏，若下降说明阀门 2 泄漏。

3. 水的饱和蒸气压

水的饱和蒸气压如表 4-8 和图 4-9 所示。

表 4-8　不同温度下水的饱和蒸气压（单位：kPa）

温度/℃	+0	+1(+5)	+2(+10)	+3(+15)	+4(+20)
0	0.6105	0.6567	0.7058	0.7579	0.8134
5	0.8723	0.9350	1.0016	1.0726	1.1478
10	1.2278	1.3124	1.4023	1.4973	1.5981
15	1.7049	1.8177	1.9372	2.0634	2.1967
20	2.3378	2.4865	2.6434	2.8088	2.9833
25	3.1672	3.3609	3.5649	3.7795	4.0053
30	4.2428	4.4923	4.7547	5.0301	5.3193
35	5.6229	5.9412	6.2751	6.6250	6.9917
40	7.3759	(9.5832)	(12.334)	(15.737)	(19.916)
45	25.003	(31.157)	(38.544)	(47.343)	(57.809)
50	70.096	(84.513)	(101.325)	—	—

注：带括号的数据与表头中括号内的数据对应。

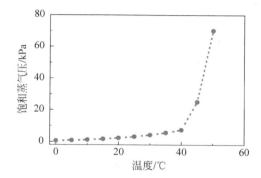

图 4-9　不同温度下，水的饱和蒸气压变化

不同温度下，乙醇饱和蒸气压可以通过式(4-20)求得。

$$\lg p = 8.04494 - \frac{1554.3}{222.65 + T} \tag{4-20}$$

其中，p 为饱和蒸气压(mmHg)；T 为温度(℃)。

单位换算值：$1\ \text{Pa} = 1 \times 10^{-5}\ \text{bar} = 9.86923 \times 10^{-6}\ \text{atm} = 7.5006 \times 10^{-3}\ \text{mmHg}$。

实验 4　密度法测定 NaCl 水溶液的偏摩尔体积[*]

一、实验目的

1. 配置不同浓度的 NaCl 水溶液，用密度瓶测定各溶液的密度。
2. 计算溶液中各组分的偏摩尔体积。

---

[*] 本节原理部分超出课本知识，只要求掌握偏摩尔量集合公式，其余不作要求。

3. 学习用密度瓶测定液体的密度。

二、实验原理

根据热力学概念,体系的体积 V 为广度性质,其偏摩尔量为强度性质。设体系有二组分 A、B,体系的总体积 V 是 n_A、n_B、温度、压力的函数,即

$$V = f(n_A, n_B, T, p) \tag{4-21}$$

组分 A、B 的偏摩尔体积定义为

$$v_A = \left(\frac{\partial V}{\partial n_A}\right)_{T,p,n_B} \tag{4-22}$$

$$v_B = \left(\frac{\partial V}{\partial n_B}\right)_{T,p,n_A} \tag{4-23}$$

在恒定温度和压力下,有

$$dV = \left(\frac{\partial V}{\partial n_A}\right)_{T,p,n_B} dn_A + \left(\frac{\partial V}{\partial n_B}\right)_{T,p,n_A} dn_B \tag{4-24}$$

体系总体积由式(4-24)积分而得

$$V = n_A V_A + n_B V_B \tag{4-25}$$

在恒温恒压条件下对式(4-25)微分可得

$$dV = n_A dV_A + V_A dn_A + n_B dV_B + V_B dn_B \tag{4-26}$$

吉布斯-杜亥姆(Gibbs-Duhem)方程如下:

$$n_A dV_A + n_B dV_B = 0 \tag{4-27}$$

在 B 为溶质、A 为溶剂的溶液中,设 V_A^* 为纯溶剂的摩尔体积;$V_{\Phi,B}$ 定义为溶质 B 的表观摩尔体积,则

$$V_{\Phi,B} = \frac{V - n_A V_A^*}{n_B} \tag{4-28}$$

$$V = n_A V_A^* + n_B V_{\Phi,B} \tag{4-29}$$

b_B 为 B 的质量摩尔浓度 $\left(b_B = \frac{n_B}{n_A M_A}\right)$;$V_{\Phi,B}$ 为 B 的表观摩尔体积;ρ、ρ_A^* 为溶液及纯溶剂 A 的密度;M_A、M_B 分别为 A、B 组分的摩尔质量。可得

$$V_{\Phi,B} = \frac{\rho_A^* - \rho}{b_B \rho \rho_A^*} + \frac{M_B}{\rho} \tag{4-30}$$

据德拜-休克尔(Debye-Huckel)理论,NaCl 水溶液中 NaCl 的表观偏摩尔体积 $V_{\Phi,B}$ 随 $\sqrt{b_B}$ 变化呈线性关系:

$$V_A = V_A^* - \frac{M_A b_B^{\frac{3}{2}}}{2}\left(\frac{\partial V_{\Phi,B}}{\partial \sqrt{b_B}}\right)_{T,p,n_A} \tag{4-31}$$

$$V_B = V_{\Phi,B}^* - \frac{\sqrt{b_B}}{2}\left(\frac{\partial V_{\Phi,B}}{\partial \sqrt{b_B}}\right)_{T,p,n_A} \tag{4-32}$$

配置不同浓度的 NaCl 溶液,测定纯溶剂和溶液的密度,求不同 b_B 时的 $V_{\Phi,B}$,作 $V_{\Phi,B}$-$\sqrt{b_B}$

图,可得一直线,从直线求得斜率 $\left(\dfrac{\partial V_{\Phi,B}}{\partial \sqrt{b_B}}\right)_{T,p,n_A}$。从而可以计算 V_A、V_B。

三、仪器与试剂

本实验所用仪器设备与化学试剂如表 4-9 所示。

表 4-9 仪器设备和化学试剂一览表

名称	数量
分析天平	1 台
恒温槽	1 个
烘干器	1 个
比重瓶(50 mL)	2 个
磨口塞锥形瓶(50 mL)	1 个
烧杯(50 mL、250 mL)	各 1 个
洗耳球	1 个
量筒(50 mL)	1 个
NaCl	若干
药勺	1 个
滤纸	若干
无水乙醇	若干

四、实验步骤

(1) 调节恒温槽至设定温度 25℃。

(2) 配置不同组成的 NaCl 水溶液:用称量法配制质量百分比约为:1%、4%、8%、12% 和 16% 的 NaCl 水溶液,并记录下 NaCl 的质量。

(3) 了解用比重瓶测液体密度的方法,用无水乙醇洗净比重瓶,再用洗耳球吹干,在分析天平上称量空比重瓶(注意带盖进行称量)。

(4) 将比重瓶装满去离子水(注意不得存留气泡),放入恒温槽内恒温 10 min,擦干比重瓶外部,在分析天平上称量。重复本步骤一次。

(5) 将已进行步骤(4)操作的比重瓶用待装溶液涮洗 2 次,再装满 NaCl 水溶液,放入恒温槽内恒温 10 min。擦干比重瓶外部,在分析天平上称量。重复本步骤操作一次。

(6) 用上述步骤(5)的方法对其他浓度 NaCl 溶液进行操作。

五、数据记录与处理

表 4-10 数据记录表

溶液序号	1	2	3	4	5
溶液质量分数/%					
室温/℃					

续表

溶液序号	1	2	3	4	5
恒温槽温度/℃					
水的密度/(kg·m^{-3})	0.998 23				
NaCl 摩尔质量/(g·mol^{-1})	58.44				
水的摩尔质量/(g·mol^{-1})	18.02				
NaCl 质量/g					
水的质量/g					
溶液质量/g					
比重瓶质量/g					
比重瓶加水的质量/g					
比重瓶加溶液的质量/g					
溶液密度/(kg·m^{-3})					
溶液质量摩尔浓度/(g·mol^{-1})					
$\sqrt{b_B}$					
NaCl 表观摩尔体积/(m^3·mol^{-1})					
直线斜率					
校正后 NaCl 表观摩尔体积/(m^3·mol^{-1})					
水的偏摩尔体积/(m^3·mol^{-1})					
NaCl 的偏摩尔体积/(m^3·mol^{-1})					

六、思考题

(1) 偏摩尔体积有可能小于零吗?

(2) 在实验中如何减小称量误差?

(3) 谈谈你对偏摩尔量集合公式的理解(以偏摩尔体积为例)。

七、其他拓展

比重瓶法测定的原理:在一定温度下,用同一比重瓶分别称取等体积的样品溶液与蒸馏水的质量。两者的质量比即该样品溶液的相对密度。

比重(相对密度):在一定温度下,待测液体的质量与同体积某一温度下水的质量之比。其表示式为

$$d_{t_2}^{t_1} = \frac{W_{物}^{t_1}}{W_{水}^{t_2}} = \frac{\rho_{物}^{t_1}}{\rho_{水}^{t_2}} \tag{4-33}$$

其中,$d_{t_2}^{t_1}$ 表示待测物质的比重是温度 t_1 时对于温度 t_2 时的水进行测定。

欲换算在某一温度下得到的比重,需将此比重乘以水在实验下的密度。要进行换算,必须先知道实验温度下水的密度。

例如:20℃时样品对同温度水的比重,可按式(4-34)计算:

$$d_{20}^{20} = \frac{W_{样}^{20}}{W_{水}^{20}} = \frac{m_2 - m_0}{m_1 - m_0} \tag{4-34}$$

再按式(4-35)换算出样品的比重：

$$d_4^{20} = d_{20}^{20} \cdot \rho_{20} = \frac{m_2 - m_0}{m_1 - m_0} \times 0.998\,23 \tag{4-35}$$

其中，m_0 为空比重瓶质量(g)；m_1 为比重瓶和水的质量(g)；m_2 为比重瓶和样品的质量(g)；0.998 23 为 20℃时水的密度(g·cm^{-3})。

实验 5　氨基甲酸铵分解反应平衡常数的测定

一、实验目的

1. 采用静态平衡压力法(the static equilibrium pressure method)，测定一定温度下氨基甲酸铵(ammonium carbamate)的分解压力(decomposition pressure)，以期求出该分解反应的平衡常数。

2. 理解温度对分解反应平衡常数的影响，计算氨基甲酸铵分解反应的热力学函数(dynamic function)，比如反应级数(reaction order)、吉布斯自由能(Gibbs free energy)、活化能(activation energy)和转化率(conversion rate)等。

二、实验原理

本实验隶属于《物理化学》的"化学平衡"章节。实验的开展主要是为了便于同学们进一步理解温度、压力对化学平衡的影响，了解热力学函数与化学反应平衡常数之间的相互转化。

以反应 $a\mathrm{A} + b\mathrm{B} \rightleftharpoons c\mathrm{C} + d\mathrm{D}$ 为例。假设 A、B、C 和 D 的初始物质的量分别为 n_A^0、n_B^0、n_C^0 和 n_D^0，总的物质的量为 n^0。反应过程中 A、B、C 和 D 的物质的量分别变为 n_A、n_B、n_C 和 n_D，此时体系总的物质的量为 n。如反应 t 时刻后，A、B、C 和 D 的物质的量 n_A、n_B、n_C 和 n_D 分别为 $n_\mathrm{A}^0 - x$、$n_\mathrm{B}^0 - \left(\frac{b}{a}\right)x$、$n_\mathrm{C}^0 + \left(\frac{c}{a}\right)x$ 和 $n_\mathrm{D}^0 + \left(\frac{d}{a}\right)x$，体系总的物质的量 n 变化了 $\frac{c+d-a-b}{a}x$。

	$a\mathrm{A}$	$+\;b\mathrm{B}$	$\rightleftharpoons$	$c\mathrm{C}$	$+\;d\mathrm{D}$	总的物质的量
$t=0$ 时	n_A^0	n_B^0		n_C^0	n_D^0	$n_\mathrm{A}^0 + n_\mathrm{B}^0 + n_\mathrm{C}^0 + n_\mathrm{D}^0$
	x	$\frac{b}{a}x$		$\frac{c}{a}x$	$\frac{d}{a}x$	$\frac{c+d-a-b}{a}x$
t 时刻后	$n_\mathrm{A}^0 - x$	$n_\mathrm{B}^0 - \left(\frac{b}{a}\right)x$		$n_\mathrm{C}^0 + \left(\frac{c}{a}\right)x$	$n_\mathrm{D}^0 + \left(\frac{d}{a}\right)x$	$n_\mathrm{A}^0 + n_\mathrm{B}^0 + n_\mathrm{C}^0 + n_\mathrm{D}^0 + \frac{c+d-a-b}{a}x$

此时，体系的吉布斯自由能可以表示为

$$G = n_\mathrm{A}\mu_\mathrm{A} + n_\mathrm{B}\mu_\mathrm{B} + n_\mathrm{C}\mu_\mathrm{C} + n_\mathrm{D}\mu_\mathrm{D} \tag{4-36}$$

$$\begin{aligned} G = &\; n_\mathrm{A}(\mu_\mathrm{A}^\ominus + RT\ln x_\mathrm{A}) + n_\mathrm{B}(\mu_\mathrm{B}^\ominus + RT\ln x_\mathrm{B}) + \\ &\; n_\mathrm{C}(\mu_\mathrm{C}^\ominus + RT\ln x_\mathrm{C}) + n_\mathrm{D}(\mu_\mathrm{D}^\ominus + RT\ln x_\mathrm{D}) \end{aligned} \tag{4-37}$$

$$G = (n_A\mu_A^\ominus + n_B\mu_B^\ominus + n_C\mu_C^\ominus + n_D\mu_D^\ominus) +$$
$$RT\left(n_A\ln\frac{n_A}{n} + n_B\ln\frac{n_B}{n} + n_C\ln\frac{n_C}{n} + n_D\ln\frac{n_D}{n}\right) \tag{4-38}$$

其中,$\mu^\ominus$ 为与温度相关的纯物质的化学势。

设反应的进度为 $\mathrm{d}\xi$,则
$$\mathrm{d}n_A = -a\mathrm{d}\xi, \quad \mathrm{d}n_B = -b\mathrm{d}\xi, \quad \mathrm{d}n_C = c\mathrm{d}\xi, \quad \mathrm{d}n_D = d\mathrm{d}\xi$$
$$\mathrm{d}G = (-a\mu_A^\ominus - b\mu_B^\ominus + c\mu_C^\ominus + d\mu_D^\ominus)\mathrm{d}\xi + RT\left(-a\ln\frac{n_A}{n} - b\ln\frac{n_B}{n} + c\ln\frac{n_C}{n} + d\ln\frac{n_D}{n}\right)\mathrm{d}\xi +$$
$$RT(a+b-c-d)\mathrm{d}\xi \tag{4-39}$$

$$\mathrm{d}G = (-a\mu_A^\ominus - b\mu_B^\ominus + c\mu_C^\ominus + d\mu_D^\ominus)\mathrm{d}\xi + RT\ln\frac{n_C^c n_D^d}{n_A^a n_B^b}\mathrm{d}\xi + RT(a+b-c-d)\mathrm{d}\xi \tag{4-40}$$

在恒温恒压下,
$$\left(\frac{\mathrm{d}G}{\mathrm{d}\xi}\right)_{T,p} = -a\mu_A^\ominus - b\mu_B^\ominus + c\mu_C^\ominus + d\mu_D^\ominus + RT\ln\frac{n_C^c n_D^d}{n_A^a n_B^b} +$$
$$RT(a+b-c-d) \tag{4-41}$$

根据化学平衡的判据,即 $\Delta G = 0$,可知
$$-a\mu_A^\ominus - b\mu_B^\ominus + c\mu_C^\ominus + d\mu_D^\ominus + RT\ln\frac{n_C^c n_D^d}{n_A^a n_B^b} + RT(a+b-c-d) = 0 \tag{4-42}$$

令 $k = \dfrac{n_C^c n_D^d}{n_A^a n_B^b}$,则
$$\ln k = \frac{-a\mu_A^\ominus - b\mu_B^\ominus + c\mu_C^\ominus + d\mu_D^\ominus}{RT} - (a+b-c-d) \tag{4-43}$$

令 $k' = \dfrac{x_C^c x_D^d}{x_A^a x_B^b}$,则
$$\ln k' = \frac{-a\mu_A^\ominus - b\mu_B^\ominus + c\mu_C^\ominus + d\mu_D^\ominus}{RT} = \frac{\Delta G^\ominus}{RT} \tag{4-44}$$

由此可得,当已知平衡体系各物质的摩尔分数(分压)时,就可以求解出该平衡条件下的平衡常数、吉布斯自由能等。

1. 氨基甲酸铵的性质

氨基甲酸铵固体在干空气中比较稳定,在湿空气中会转变成碳酸氢铵(NH_4HCO_3)。室温下略有挥发(在 299.9 K 下,其蒸气压约为 100 mmHg),故该药品通常被放置在冰箱中进行保存。也正是因为这一特性,装有氨基甲酸铵固体药品的试剂瓶,开盖即能闻到刺鼻的、氨气所特有的气味。氨基甲酸铵在加热的条件下(如高于 333 K 的条件下)会发生分解反应,释放出氨气(ammonia)和二氧化碳(carbon dioxide)。其化学反应方程式如下:
$$NH_2COONH_4(s) \Longrightarrow 2NH_3(g)\uparrow + CO_2(g)\uparrow$$

2. 化学反应平衡常数的测定

通常情况下,在已知平衡体系中反应物和生成物浓度或者压力的前提下,通过计算便可

以求得该平衡条件下的化学反应平衡常数。尽管通过化学分析的方法可以确定平衡体系中各物质的浓度,但是化学分析方法往往需借助于其他可以监测的化学反应(比如最熟知的酸碱滴定,可监测的物理量为 pH),故需要加入一些其他试剂。这在一定程度上会干扰原有的体系平衡,进而使所测量的结果偏离真实值。因此,宜选用无干扰的物理方法。然而美中不足的是,物理方法的选择完全受限于体系中各物质的物理特性。只有当体系中反应物、生成物的折射率、电导率、颜色、光的吸收、色谱定量图谱、旋光性、压力或者容积等物理特性存在显著差异时,才可以通过检测该物理特性来间接确定某一反应条件下生成物和反应物的量。

氨基甲酸铵的分解反应是一个可逆的多相反应,存在气、固两相,因此可以根据体系中反应物和生成物的压力特性来间接获得各物质的浓度信息。即通过测量 CO_2 和 NH_3 的压力就可以计算出特定反应条件下的平衡常数及其反应级数。

由化学平衡的相关理论可知,若不将分解产物(CO_2 和 NH_3)从体系中移走,则体系在封闭体系中将会达到平衡。通常情况下:纯固态物质的活度被认为是1;在压力不太大的情况下,气体的逸度系数近似为1。故该分解反应的平衡常数 K 可以用式(4-45)来表示。

$$K = p_{NH_3}^2 p_{CO_2} \tag{4-45}$$

其中,p_{NH_3}、p_{CO_2} 分别为动态平衡时 NH_3 和 CO_2 的分压。

由于固态氨基甲酸铵的蒸气压很小,可以忽略不计,所以在不考虑其他气体存在的情况下,体系的总压 $p_总$ 可以表示为式(4-46)。

$$p_总 = p_{NH_3} + p_{CO_2} \tag{4-46}$$

鉴于反应产物的计量关系,可以将式(4-45)改写为式(4-47)。

$$p_{NH_3} = 2p_{CO_2}$$

$$p_{NH_3} = \frac{2}{3} p_总$$

$$p_{CO_2} = \frac{1}{3} p_总$$

$$K = \frac{4}{27} p_总^3$$

$$K^\ominus = \frac{4}{27} \left(\frac{p_总}{p^\ominus}\right)^3 \tag{4-47}$$

由此可见,体系达到平衡后,通过测量其平衡总压即可求解出各气体产物的分压以及该反应条件下的分解反应平衡常数 K。

此外,温度对标准平衡常数的影响可用式(4-48)来表示:

$$\frac{d\ln K^\ominus}{dT} = \frac{\Delta_r H_m^\ominus}{RT^2} \tag{4-48}$$

其中,T 为热力学温度;$\Delta_r H_m^\ominus$ 为定压下的标准摩尔反应焓变即摩尔热效应,在温度变化范围不大时可视为常数。

式(4-48)积分后,得式(4-49):

$$\ln K^\ominus = -\frac{\Delta_r H_m^\ominus}{RT} + C \tag{4-49}$$

由式(4-49)可知,以 $\ln K^\ominus$ 为横坐标,$\frac{1}{T}$ 为纵坐标作图,理论上应该是斜率为 $-\frac{\Delta_r H_m^\ominus}{R}$ 的直线。显而易见,通过斜率就可计算得到 $\Delta_r H_m^\ominus$。

然后根据 $\Delta_r G_m^\ominus = -RT \ln K^\ominus$ 的关系式,即可求得 $\Delta_r G_m^\ominus$。

在已知吉布斯自由能和焓的前提下,根据 $\Delta_r G_m^\ominus = \Delta_r H_m^\ominus - T\Delta_r S_m^\ominus$ 的关系式,进而可以求得 $\Delta_r S_m^\ominus$。

3. 残留空气对实验结果的影响

本实验采用循环水真空泵来去除反应前体系中所残存的气体(比如放置样品时带入的空气或这前一实验结束后残余的气体等)。其抽真空的效果(真空度约为 0.098 MPa)远远不及油泵(10~50 Pa)、干泵(<1 Pa)和分子泵(5×10^{-6} Pa),因此即使抽真空步骤完毕后,样品瓶中仍然尚存有少量的空气,因此采用数字式压力计测量到的压力,实际上是残留空气、热分解产物二氧化碳和氨气的总压。

假设这里所涉及的二氧化碳、氨气和空气均为理想气体,则根据理想气体的道尔顿(Dalton)分压定律,数字式压力计测量到的压力即为残留空气(p_{air})、二氧化碳(p_{CO_2})和氨气(p_{NH_3})的压力之和($p_总$)。故式(4-46)变为式(4-50),式(4-47)变为式(4-51):

$$p_总 = p_{air} + p_{CO_2} + p_{NH_3} \tag{4-50}$$

$$K^\ominus = \frac{4}{27}\left(\frac{p_总 - p_{air}}{p^\ominus}\right)^3 \tag{4-51}$$

$$\ln K^\ominus = \left(\ln\frac{4}{27} - 3\ln p^\ominus\right) + 3\ln(p_总 - p_{air}) \tag{4-52}$$

$$\ln K^\ominus = -36.4878 + 3\ln(p_总 - p_{air})$$

$$\ln K_测^\ominus = -36.4878 + 3\ln(p_总) \tag{4-53}$$

由式(4-53)可知,根据测量值计算所得的 $\ln K_测^\ominus$ 值将大于实际的 $\ln K^\ominus$ 值。

其测量值和实际值的偏差可以用式(4-54)和式(4-55)表示:

$$\ln K_测^\ominus - \ln K^\ominus = 3\ln(p_总) - 3\ln(p_总 - p_{air}) \tag{4-54}$$

$$\ln K_测^\ominus - \ln K^\ominus = 3\ln\left(1 + \frac{p_{air}}{p_总 - p_{air}}\right) \tag{4-55}$$

假设 p_{air} 足够小,无限趋近于零(即抽真空充分,残留空气较少),则测量值和实际值的偏差可以改写为

$$\lim_{p_{air}\to 0} \ln\left(1 + \frac{p_{air}}{p_总 - p_{air}}\right) = \frac{p_{air}}{p_总 - p_{air}} \approx \frac{p_{air}}{p_总} \approx 0 \tag{4-56}$$

由式(4-56)可知,此时测量值和实际值基本上吻合。

另一方面,以理想气体方程为基础,根据理想气体的阿马加(Amagat)分体积定律,热分解反应产物和残留空气的总压还可以用式(4-57)来表达:

$$p_总 = (n_{CO_2} + n_{NH_3} + n_{air})\frac{R}{V_t}T \tag{4-57}$$

$$V_t = V_{CO_2} + V_{NH_3} + V_{air}$$

$$n_t = n_{CO_2} + n_{NH_3} + n_{air}$$

因此,热分解产物和残留空气的总压力与温度的关系可以表示为式(4-58)

$$p_\text{总} = (n_{CO_2} + n_{NH_3})\frac{R}{V_t}T + n_{air}\frac{R}{V_t}T \tag{4-58}$$

其中,$\frac{R}{V_t}$ 为定值(V_t 为样品到油封液体下液面之间的体积,恒容)。

显然,随着温度的升高,残留空气的分压对总压的影响并不是定值,而是随着温度的升高而呈线性增长。

通过以上分析,可得到如下结论:

(1) 为了确保实验结果的精确性或者准确性,测试之前务必尽可能地排空样品瓶内残存的空气(即使 n_{air} 无限趋近于零)或其他气体。

(2) 在调节压力平衡的过程中,由于操作不慎导致一定量的空气(n'_{air})进入样品瓶,都将会导致体系 n_t 增大,进而导致测量 $\ln K^\ominus_\text{测}$ 值偏离实际值 $\ln K^\ominus$。因此,为了确保实验结果的准确性,测量过程中务必避免空气的进入。如果由于操作不慎导致样品瓶内的气体部分溢出(这部分气体可能包含未抽尽的残留气体和热分解反应产物),可能会导致体系的测量值比较接近实际值。尽管如此,但是改善有限。这种形式的泄漏对反应平衡常数的确定影响较小,只会对产物的产率有影响。

4. 静态平衡压力法的测量原理

实验通过调平等压计两侧的液面来确定待测体系的平衡压力,进而借助数字压力计的读数来获取具体的气压值。压力平衡的调节原理类似与初中物理的 U 形连通器。图 4-10 所示为等压计气压平衡调节的原理图。当空气端的液面低于样品端的液面时,表示空气端的压力大于样品端的压力(可以联想跷跷板或者托盘天平),则可以根据具体情况做抽(空)气(该情况不随时间而改善)或者等待分解反应,以保证液面相齐(图 4-10(a))。当空气端的液面高于样品端的液面时,表示空气端的压力低于样品端的压力,则可以根据实际情况做放气处理(图 4-10(c))。由于封气液体采用的是黏度较大的硅油或者液体石蜡,故在调节压力平衡的时候要慢。

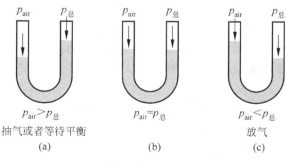

图 4-10 等压计平衡气压的原理

三、仪器与试剂

本实验所用仪器设备和化学试剂如表 4-11 所示。

表 4-11　仪器设备和化学试剂一览表

名称	数量
数字式压力计	1 台
等压计	1 个
真空缓冲罐	1 个
循环水真空泵	1 台
恒温水浴槽	1 套
样品瓶	1 个
三通真空活塞	1 个
氨基甲酸铵	适量
硅油或者液体石蜡	适量

四、实验步骤

1. 明确缓冲罐的作用,熟悉其使用流程

真空缓冲罐的作用除了防止循环水真空泵中的介质吸入系统、保护循环水真空泵之外,另一个更重要的作用就是可以实现压力微调的功能。

假设真空缓冲罐的体积为 10 L,当通入一定量的气体(压力为一个大气压)后(假设通入的气体体积为 1 mL),缓冲罐内的压力减小为大气压的 1/10 000。从某种程度上说,压力调节的精度被提高了 10 000 倍。为了便于理解,举一个用胶头滴管滴取墨汁的例子。通常情况下,胶头滴管每一滴液体的体积大概为 0.05 mL。如果需要用该胶头滴管量取 5 μL 墨汁,应该怎么办呢?实际上,我们只要将原始的墨汁稀释 10 倍,再进行量取即可。

使用之前,真空缓冲罐需具有良好的气密性,并且需要抽到极限。抽真空阀与循环水真空泵相连,其作用主要是实现开启或者关闭抽真空。放气阀与大气相连,这是外界气体通入体系的通道,用于调节真空缓冲罐压力(平衡阀关闭)或者体系压力(平衡阀开启)。平衡阀与反应体系相连,用于体系的压力平衡。

为了使真空缓冲罐起到相应的作用,通气阀和平衡阀的调节方式有很多种。在这里只介绍一种调节方法,即在整个的实验过程中,平衡阀保持为打开的状态,调节压力只需调节放气阀处的气体流量即可。也可以关闭放气阀,通过调节平衡阀的开关大小来进行。

2. 实验装置的搭建

实验装置的示意图如图 4-11 所示。将干燥并装有硅油或者液体石蜡的等压计 7、干燥并装有氨基甲酸铵的样品瓶 10 安装好,然后接入真空系统(真空缓冲罐 5、三通真空活塞 12 和数字式压力表 11)。

需要注意的是:①为了保证具有良好的气密性,各磨(接)口连接处均要涂上真空油脂密封(但是真空油脂不宜太多,使用过多的油脂反而不利于连接件的密封;接头安装好之后,旋转以使连接处磨口呈透明状)。②氨基甲酸铵粉末的加入量应为样品瓶 10 高度的 1/3~1/2。

3. 数字式压力计的归零

打开数字压差计电源开关,按单位选择键至显示单位"kPa"。将压力计接口置于大气中,待压差计显示数字稳定(该数值为实际的大气压)后,按"采零"键,使数字显示为 0.00 kPa。

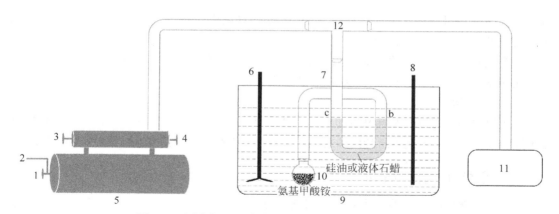

图 4-11　测定氨基甲酸铵分解反应平衡常数的实验装置

1—抽真空阀；2—真空泵接口；3—放气阀；4—平衡阀；5—真空缓冲罐；6—搅拌器；7—等压计；8—加热棒；
9—恒温水浴槽；10—样品瓶；11—数字式压力计；12—三通真空活塞

4. 气密性检查

由于本实验涉及气体产物，需要测量其压力，所以实验装置的气密性检查至关重要、必不可少。

具体操作为：关闭放气阀 3，打开抽真空阀 1 和真空泵（先打开真空泵，再打开抽真空阀），缓慢打开平衡阀 4，将系统抽真空至约 -92 kPa（需要保持一段时间）；然后关闭抽真空阀和真空泵（为了防止倒吸，先关阀后关泵），观察数字式压力计示数的变化。

如果数分钟内数字式压力计的读数基本不变，则表明系统不漏气。否则需查出泄漏问题并进行相应的调试。因本实验所需真空度较高，试漏时要抽气至真空系统压力 $p_s < 8.5$ kPa（约 -92 kPa）。

需要注意的是：①硅油或者液体石蜡内部残存的气泡会对读取的压力值产生影响，残存气泡的移动也会导致压力值的变化（做实验的时候，有可能会观察到）。②在系统尚未调试完毕之前，切不可进行加热（开始加热，氨基甲酸铵立即开始分解，导致很难进行设备气密性的验证）。

5. 不同温度下分解压力的测量

确认不漏气后，在 $p_s < 8.5$ kPa 的压力下打开抽真空阀 1 和真空泵（为了防止倒吸，先开泵后开阀），继续抽气并调节恒温槽，使之温度保持在 298 K 左右。大约 10 min 后，认为样品瓶上方、硅油或者液体石蜡封空间以及氨基甲酸铵固体所吸附的空气被排除干净。关闭抽真空阀，关闭真空泵，观察数字式压力计的数值的变化。此时，压力计的读数应该基本不变，等压计样品端的液面低于空气端。

打开缓冲罐的放气阀 3，使空气缓慢而有控制地进入真空系统。系统压力 p_s 逐渐增加，等压计 7 的 c 管液面下降，b 管液面上升，至两液面暂时相平。此项操作要重复多次才能使 bc 管液面最终持平，反应达到平衡状态。判断反应平衡需 bc 液面持平保持 2 min 以上，记录 p_s 值。303 K 时应为 (17 ± 0.5) kPa，如果超出误差范围，偏大表明空气未排尽，偏小表明尚未达到平衡。切实做好这一步，后续步骤才能准确。读取压力计的压差、大气压力计压力及恒温槽温度，计算分解压。

依次将恒温槽温度升至 308 K、313 K 和 318 K，测量每一温度下的分解压。注意在升温的过程中，根据具体情况通过真空缓冲罐的调节阀十分缓慢地向系统内放入适量空气，保持等压计两端油封液面水平。这样做,一方面可以避免样品瓶内气体的泄漏;另一方面还可以防止外界空气进入样品瓶。

需要注意的是:体系的平衡状态可以通过读取压力值来确认。在平衡状态附近,压力的变化非常小;远离平衡状态,压力的变化比较明显。

6. 结束实验

关闭恒温槽搅拌电机及继电器的电源;缓慢地从压力调节阀向系统中放入空气,使空气以不连续鼓泡的速度通过等压计的油封进入氨基甲酸铵瓶中。收拾实验台面,仪器设备复原。

五、数据记录与处理

(1) 将所测得的不同温度下氨基甲酸铵的分解压力值记录在表 4-12 中,经校正后计算分解反应的平衡常数 K。

表 4-12　不同温度下氨基甲酸铵的分解压表

温度			测压仪读数/	分解压/	$K^{\ominus}$	$\ln K^{\ominus}$
$t/℃$	T/K	$(1/T)/K^{-1}$	kPa	kPa		
25						
30						
35						
40						
45						

(2) 作 $\ln K^{\ominus} - \dfrac{1}{T}$ 离散图,采用最小二乘法进行线性拟合,通过其斜率计算氨基甲酸铵分解反应的标准摩尔反应焓 $\Delta_r H_m^{\ominus}$,$\Delta_r H_m^{\ominus}$ 的文献值为 159.32 kJ·mol^{-1}。

(3) 计算 25℃ 时氨基甲酸铵分解反应的 $\Delta_r G_m^{\ominus}$ 和 $\Delta_r S_m^{\ominus}$。

六、注意事项

(1) 在整个实验的过程中,应保证等压计样品管上空的空气排净。

(2) 打开放气阀 3 时一定要缓慢进行,小心操作。若放空气速度太快或放气量太多,易致使空气倒流,即空气通过硅油或者液体石蜡进入到氨基甲酸铵分解的样品瓶中。抽气、充气必须缓慢操作,以免压差过大而使零压计中的硅油冲入样品瓶。

(3) 实验结束后,必须打开放气阀 3 使系统内压保持常压,最后关掉缓冲罐上的其他阀门及所有电源开关。

(4) 氨基甲酸铵易吸水,故保存和测试时使用的容器都应该保持干燥。如果吸水,会生成碳酸铵和碳酸氢铵,从而影响实验结果。

七、思考题

(1) 为什么要抽干净氨基甲酸铵小瓶中的空气?如果未抽干净,则对测量数据有什么影响?

(2) 等压计中的油封液体为什么要采用高沸点、低蒸气压的硅油或液体石蜡?将硅油或液体石蜡改为乙醇等低沸点的液体可以吗?

（3）当将空气缓缓放入系统时，如放入的空气较多，将有何现象出现，怎样克服？
（4）如何在实验室制备氨基甲酸铵？

八、其他拓展

（1）在 723 K 时，将 0.1 mol H_2 和 0.2 mol CO_2 通入抽空的瓶中，发生如下反应：
$$H_2(g) + CO_2(g) \Longleftrightarrow H_2O(g) + CO(g)$$
平衡后的总压力为 50.66 kPa，经分析其中水蒸气的摩尔分数为 10%。今在容器中加入过量的 CoO(s) 和 Co(s)，在容器中又增加了如下平衡：
$$CoO(s) + H_2(g) \Longleftrightarrow Co(s) + H_2O(g)$$
$$CoO(s) + CO(g) \Longleftrightarrow Co(s) + CO_2(g)$$
经分析此时容器中水蒸气的摩尔分数为 30%，试计算 k_1、k_2 和 k_3。

解：

	$H_2(g)$	$+CO_2(g)$	$\Longleftrightarrow H_2O(g)$	$+CO(g)$	
$t=0$	0.1	0.2	0	0	0.3
$t=t$	x	x	x	x	0
	$0.1-x$	$0.2-x$	x	x	0.3

故水蒸气物质的量为
$$x = 0.3 \times 0.1 \text{ mol} = 0.03 \text{ mol}$$

所以 $k_1 = \dfrac{\dfrac{0.03}{0.3} \times \dfrac{0.03}{0.3}}{\dfrac{0.07}{0.3} \times \dfrac{0.17}{0.3}} = 7.563 \times 10^{-2}$。

加入过量 CoO(s) 和 Co(s) 后，

	$H_2(g)$	$+CO_2(g)$	$\Longleftrightarrow H_2O(g)$	$+CO(g)$	(a)
$t=0$	0.1	0.2	0	0	0.3
$t=t$	$0.1-x-y$	$0.2-x+z$	$x+y$	$x-z$	0.3
	CoO(s)	$+H_2(g)$	$\Longleftrightarrow Co(s)$	$+H_2O(g)$	(b)
$t=0$	1	0.1	1	0	0.1
$t=t$	$1-y-z$	$0.1-x-y$	$1+y+z$	$x+y$	0.1
	CoO(s)	$+CO(g)$	$\Longleftrightarrow Co(s)$	$+CO_2(g)$	(c)
$t=0$	1	0	1	0.2	0.2
$t=t$	$1-y-z$	$x-z$	$1+y+z$	$0.2+z-x$	0.2

如上所述，体系总的摩尔数不变，故水蒸气 $H_2O(g)$ 的物质的量为
$$x + y = 0.3 \times 0.3 \text{ mol} = 0.09 \text{ mol}$$
则，氢气 $H_2(g)$ 的物质的量为
$$0.1 - x - y = 0.01 \text{ mol}$$

于是，$k_2 = \dfrac{\dfrac{0.09}{0.3}}{\dfrac{0.01}{0.3}} = 9$。

由于 (b) = (c) + (a)，所以 $k_3 = 119$。

一氧化碳 CO(g) 的物质的量为 1.67×10^{-3} mol。

二氧化碳 CO_2(g) 的物质的量为 0.198 mol。

（2）已知一氧化氮和氢气发生反应生成氮气和水，其化学反应方程式为

$$2NO(g) + 2H_2(g) = N_2(g) + 2H_2O(l)$$

反应在恒容条件下进行，测定两组实验数据。第一组保持 H_2 的初始压力不变，改变 NO 的初始压力，然后测定随时间而变化的总压，获得反应初速度。第二组保持 NO 的初始压力不变，改变 H_2 的初始压力，同样记录反应的初速度。最后根据以上数据求解该反应的级数。

表 4-13　不同实验条件下的初速度

实验组别	$p^0_{H_2}=53.33$ kPa		$p^0_{NO}=53.33$ kPa	
	p^0_{NO}/kPa	$-\left(\dfrac{dp}{dt}\right)_0$	$p^0_{H_2}$/kPa	$-\left(\dfrac{dp}{dt}\right)_0$
1	47.86	20.00	38.53	21.33
2	40.00	13.73	27.33	14.67
3	20.27	3.33	19.60	10.53

解：设该 NO 和 H_2 的反应级数分别为 a 和 b，则用压力表示的动力学方程为

$$-\left(\frac{dp}{dt}\right)_0 = k\left(\frac{p_{NO}}{p^\ominus}\right)^a\left(\frac{p_{H_2}}{p^\ominus}\right)^b$$

$$\ln\left(-\frac{dp}{dt}\right)_0 = \ln k + a\ln p_{NO} + b\ln p_{H_2} - (a+b)\ln p^\ominus$$

以 $\ln\left(-\dfrac{dp}{dt}\right)_0$ 为纵坐标，分别以 $\ln p_{NO}$、$\ln p_{H_2}$ 为横坐标作图。

由图 4-12 可知，两条曲线的斜率分别等于 2 和 1，故 $a=2$，$b=1$。

除了采用作图法求解反应级数之外，也可以采用代入法进行求解。

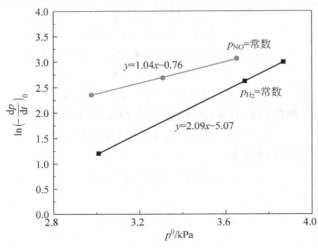

图 4-12　不同实验条件下，$\ln\left(-\dfrac{dp}{dt}\right)_0$ 和 $\ln p$ 的关系图

实验6　黏度法测定水溶液高聚物相对分子质量

一、实验目的

1. 掌握用乌贝路德黏度计(viscometer,也称乌氏黏度计)测定高聚物相对分子质量的基本原理和方法。
2. 测定聚乙烯吡咯烷酮(polyvinylpyrrolidone)的平均相对分子质量。

二、实验原理

黏度是指液体对流动所表现出来的阻力(resistance),这种阻力反抗液体中相邻部分的相对移动,因此可看作液体内部分子间的内摩擦。

当相距为 $\mathrm{d}s$ 的两个液层以不同速度(v 和 $v+\mathrm{d}v$)移动时,产生的流速梯度为 $\dfrac{\mathrm{d}v}{\mathrm{d}s}$,如图 4-13 所示。当建立平稳流动时,维持一定流速所需的力(即液体对流动的阻力)f' 与液层的接触面积 A 以及流速梯度(velocity gradient)$\dfrac{\mathrm{d}v}{\mathrm{d}s}$ 成正比,即

$$f' = \eta A \frac{\mathrm{d}v}{\mathrm{d}s} \tag{4-59}$$

若以 f 表示单位面积液体的黏滞阻力(viscous resistance),$f = f'/A$,则

$$f = \eta \left(\frac{\mathrm{d}v}{\mathrm{d}s}\right) \tag{4-60}$$

式(4-60)被称为牛顿黏度定律表示式,其比例常数 η 称为黏度系数(简称黏度,单位为 Pa·s)。

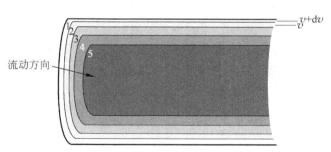

图 4-13　流体在管中的流动示意图

高聚物的稀溶液,其黏度 η 主要反映了溶剂分子间、高聚物分子间以及溶剂分子和高聚物分子间的内摩擦力。其中溶剂分子间的内摩擦表现为纯溶剂的黏度 η_0。在同一温度下,高聚物溶液的黏度 η 一般都比纯溶剂的黏度 η_0 大得多。此时,我们把黏度增加的分数,称为增比黏度 η_{sp},即

$$\eta_{\mathrm{sp}} = \frac{\eta - \eta_0}{\eta_0} = \eta_{\mathrm{r}} - 1 \tag{4-61}$$

其中，$\eta_r = \dfrac{\eta}{\eta_0}$，$\eta_r$ 称为相对黏度。

由式(4-61)可知，增比黏度 η_{sp} 反映的是高聚物分子间以及溶剂分子和高聚物分子之间的内摩擦效应(internal-friction effect)。

对于高聚物溶液而言，增比黏度 η_{sp} 往往随溶液中高聚物浓度的增加而增大。因此，为了便于比较，特将单位浓度下溶液的增比黏度作为高聚物摩尔质量的量度，称为比浓黏度 η_{sp}/c。

为了进一步消除高聚物分子之间的内摩擦效应，可以将溶液进行无限稀释。当溶液无限稀释时，高聚物分子间的距离很远，因而高聚物分子间的内摩擦效应可忽略不计。在这种情况下，溶液所呈现出的黏度行为基本上反映的是高聚物与溶剂分子之间的内摩擦。当高聚物溶液的浓度 c 趋近 0 时，比浓黏度将趋近一个固定的极限值 $[\eta]$，即

$$\lim_{c \to 0} \frac{\eta_{sp}}{c} = [\eta] \tag{4-62}$$

还可以证明，当 c 趋近于 0 时，$\dfrac{\ln \eta_r}{c}$ 的极限值也是 $[\eta]$，因为

$$\frac{\ln \eta_r}{c} = \frac{\ln(1+\eta_{sp})}{c} = \frac{\eta_{sp}}{c}\left(1 - \frac{1}{2}\eta_{sp} + \frac{1}{3}\eta_{sp}^2 + \cdots\right)$$

当浓度不大时，略去高次项，则得

$$\lim_{c \to 0} \frac{\ln \eta_r}{c} = \lim_{c \to 0} \frac{\ln \eta_{sp}}{c} = [\eta]$$

从上述可见，获得 $[\eta]$ 的方法有两种：一种是 $\ln \eta_{sp}/c$ 对 c 作图，外推到 $c \to 0$ 截距值；另一种是以 $\ln \eta_r/c$ 对 c 作图也外推到 $c \to 0$ 截距值，这两条直线在纵轴上重合于一点。

实验证明，当聚合物、溶剂及温度三者确定以后，$[\eta]$ 的数值就只与高聚物的平均相对分子质量有关，其定量关系可以用半经验的 Mark Houwink 方程式来表示：

$$[\eta] = K \cdot M^\alpha \tag{4-63}$$

其中，K 为比例常数，α 是与分子形状有关的经验常数。它们都与温度、聚合物、溶剂性质有关，在一定的相对分子质量范围内与相对分子质量无关。

增比黏度与特性黏度之间的经验关系为

$$\frac{\eta_{sp}}{c} = [\eta] + k([\eta])^2 c \tag{4-64}$$

而比浓对数黏度与特性黏度之间的关系也有类似的表述：

$$\ln \frac{\eta_r}{c} = [\eta] + \beta([\eta])^2 c \tag{4-65}$$

其中，k 和 β 分别为 Huggins 和 Kramer 常数。

因此将增比黏度 $\dfrac{\eta_{sp}}{c}$ 与溶液浓度 c 之间的关系及比浓对数黏度 $\ln \dfrac{\eta_r}{c}$ 与浓度 c 之间的关系描绘于坐标系中时，两个关系均为直线，而且截距均为特性黏度。显然，对于同一个高聚物，由以上两个线性方程外推得到的截距应交于同一点。求出特性黏度后，就可以用前述半经验关系式(4-63)求出高聚物的平均相对分子质量。

测定液体黏度的方法主要有 3 类：①用毛细管黏度计测定液体在毛细管里的流出时间；②用落球式黏度计测定圆球在液体里的下落速度；③用旋转式黏度计测定液体与同心轴圆柱体相对转动的情况。

测定高分子的 $[\eta]$ 时，用毛细管黏度计最为方便。在毛细管黏度计内，待测液体因重力作用而流出。该现象可以用泊肃叶（poiseuille）定律来表述：

$$\frac{\eta}{\rho} = \frac{\pi h g r^4 t}{8lV} - m\frac{V}{8\pi lt} \tag{4-66}$$

其中，ρ 为液体的密度；l 是毛细管长度；r 是毛细管半径；t 是液体流出的时间；h 是流经毛细管液体的平均液柱高度；g 为重力加速度；V 是流经毛细管的液体体积；m 是与仪器的几何形状有关的常数，当 $\frac{r}{l} \ll 1$ 时，可取 $m=1$。

对某一支指定的黏度计而言，令 $\alpha = \frac{\pi h g r^4}{8lV}$，$\beta = m\frac{V}{8\pi l}$，则式（4-66）可改写为

$$\frac{\eta}{\rho} = \alpha t - \frac{\beta}{t} \tag{4-67}$$

其中，$\beta < 1$，$t > 100$ s 时，等式右边第二项可以忽略。假设溶液的密度 ρ 与溶剂密度 ρ_0 近似相等。如此一来只要测定了溶液和溶剂的流出时间 t 和 t_0，就可求算出 η_r：

$$\eta_r = \frac{\eta}{\eta_0} = \frac{t}{t_0} \tag{4-68}$$

根据测定值进而计算出增比黏度（$\eta_r - 1$），比浓黏度（η_{sp}/c），比浓对数黏度（$\ln\eta_r/c$）。对一系列不同浓度的溶液分别进行测定，以 η_{sp}/c 和 $\ln\eta_r/c$ 为纵坐标，c 为横坐标作图，得两条直线，分别外推到 $c=0$ 处，其截距即为特性黏度 $[\eta]$。代入式（4-63）（K、α 已知），即可得到 M。

三、仪器和试剂

本实验所用仪器设备和化学试剂如表 4-14 所示。

表 4-14　仪器设备和化学试剂一览表

名称	数量
恒温水槽	1 套
乌氏黏度计	1 支
秒表	1 个
洗耳球	1 个
磨口瓶（100 mL）	1 个
移液管（10 mL、20 mL）	各 1 支
聚乙烯吡咯烷酮	1.0 g

四、实验步骤

1. 高聚物溶液的配制

用分析天平准确称取聚乙烯吡咯烷酮 1.0 g 于烧杯中,然后加入约 20 mL 去离子水,使其溶解后定容至 50 mL 容量瓶中。

2. 黏度计的洗涤

先将黏度计放于装有蒸馏水的超声波清洗机中,待蒸馏水灌满黏度计之后,打开超声波清洗机电源进行清洗,5 min 后拿出用热蒸馏水冲洗干净,同时用水泵抽毛细管,使蒸馏水反复流过毛细管部分。除此之外,容量瓶、移液管也都应仔细清洗。

3. 溶剂流出时间 t_0 的测定

本实验用的乌氏黏度计(图 4-14)是用玻璃吹制而成,故 A、B 和 C 3 根管子容易碎裂,使用时应特别小心,应以单手拿住 A 管为宜。但是,该黏度计最大的优点在于黏度计里的溶液可以逐渐稀释而节省许多操作手续,实验结果具有相当高的准确性。

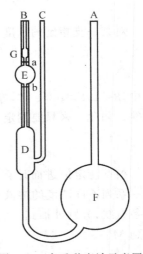

图 4-14 乌氏黏度计示意图

开启恒温水浴槽,将温度设置为 30℃ 或 35℃;同时开启搅拌,但是搅拌不可过快,否则产生剧烈震动影响实验结果。然后将洗净烘干的乌氏黏度计竖直放于恒温槽中,保证水面完全浸没过 G 球。用移液管量取 10 mL 蒸馏水,从 A 管将其注入。乌氏黏度计的 B 管和 C 管套上乳胶橡皮管,C 管橡皮管下端用弹簧夹夹住,使其不漏气。在 B 管处,用洗耳球抽溶液,以保证 F 中的液体经 D 球、毛细管、E 球到达 G 球中下部。取下针筒,同时打开 C 管弹簧夹,使毛细管内液体与 D 球分开。此时,B 管内溶液在重力作用下流经毛细管。当溶液达到刻度 a 处时,开始计时,当溶液达到刻度 b 处时,计时结束。如此重复 3 次,保证偏差小于 0.2 s,取平均值,即为 t_0。

4. 溶液流出时间 t_1 的测定

用移液管量取 10 mL 聚乙烯吡咯烷酮溶液,由 A 管注入于黏度计中(注意尽量不要将溶液粘在管壁上)。用向其中鼓泡的方法使溶液混合均匀,浓度记为 c_1,按上述方法进行测定。重复测定 3 次,任意两次时间相差小于 0.3 s,取 3 次的平均值即为 t_1。

同上,依次加入 1、2、3、5 mL 已事先恒温的去离子水,将溶液稀释,使溶液浓度分别为 c_2、c_3、c_4、c_5,接着用同样的方法测定每份溶液流经毛细管的时间 t_2、t_3、t_4、t_5。但是,应注意每次加入蒸馏水后,要充分混合均匀,并冲洗黏度计的 E 球和 G 球,使黏度计内各处的溶液浓度相等。

5. 实验结束

取下 B、C 管上的橡胶管,倒出黏度计中的溶液,用蒸馏水清洗(尤其是毛细管部分,若有残留的高聚物溶液,特别容易堵塞),放入烘箱干燥备用。

五、数据记录与处理

(1) 采用三线表列出所测的实验数据及计算结果。

(2) 用 Origin 作 $\dfrac{\eta_{sp}}{c}$-c 及 $\dfrac{\ln\eta_r}{c}$-c 图,用外推法求解 $[\eta]$。

(3) 将 $[\eta]$ 值代入式(4-63),计算聚乙烯吡咯烷酮的相对分子质量。

已知文献值:30℃时,聚乙烯吡咯烷酮-水体系的参数,$K = 3.39 \times 10^{-2}$ cm^3·g^{-1},$\alpha = 0.59$。

六、注意事项

(1) 乌氏黏度计必须洁净,高聚物溶液中若有絮状物则不能将其移入乌氏黏度计中。

(2) 本实验溶液的稀释是在乌氏黏度计中进行的,因此每加入一次溶剂进行稀释,均需要混合均匀,并冲洗 E 球和 G 球,否则会产生很大的误差。

(3) 乌氏黏度计要垂直放置,实验过程中不要振动黏度计。

(4) 在高聚物中,相对分子质量大多不一样,因此高聚物相对分子质量是统计的平均分子量。

(5) 黏度法适用于各种相对分子质量的范围,可用经验公式进行计算,但是相对分子质量范围不同、溶剂不同,其经验公式也不尽相同。

七、思考题

(1) 乌氏黏度计中支管 C 有何作用?除去支管 C 是否可测定黏度?

(2) 乌氏黏度计的毛细管太粗或太细有什么影响?

(3) 为什么用 $[\eta]$ 来求算高聚物的相对分子质量?它和纯溶剂的黏度有无区别?

(4) 分析黏度法测定高聚物相对分子质量的优缺点,分析其误差来源。

实验 7 完全互溶双液系的气-液平衡相图

一、实验目的

1. 绘制常压下环己烷(cyclohexane)-乙醇(ethanol)完全互溶双液系的平衡相图。
2. 掌握测定双组分液体的沸点及正常沸点的方法。
3. 掌握阿贝折射仪的测试原理和使用方法。

二、实验原理

常温下,两种液态物质相互混合形成的液态混合物,称为双液系(double liquid system)。根据组分相互溶解度或者互溶能力(solubility)的差异(difference),该双液系又可以进一步细分为完全互溶(complete miscibility)、部分互溶(partial miscibility)和完全不互溶(incomplete mutual solubility)3 种类型。

纯液体的沸点(the boiling point of a liquid)指的是纯液体本身的(饱和)蒸气压(the saturated vapor pressure)与外部气压相等时的温度。换言之,一旦外部气压被确定,纯液体的沸点也就随着被确定了下来。但是,对于双液系来说,其沸点除了与外部气压有关之外,还取决于双液系的具体组成。

在恒定气压下,用于表示溶液沸点与平衡时气-液两相组成关系的图称为沸点-组成相图(T-x 图)。根据液体与拉乌尔定律(Raoult's Law)偏差程度的差异,其二元相图又可以细分为下列3类:①如果液体的行为与拉乌尔定律的偏差不大,则该溶液可视为理想溶液,在相图上该溶液的沸点介于两种纯组分沸点之间(图 4-15(a)),如苯(benezene)和甲苯(methylbenezene)等;②如果两纯组分的相互影响导致其混合液与拉乌尔定律产生较大的负偏差,在相图上该溶液存在最高沸点(maximum boiling point)(图 4-15(b)),如丙酮(acetone)和氯仿(chlorofrom)等;③如果两纯组分混合后与拉乌尔定律具有较大正偏差时,在相图上该混合物存在最低沸点(minimum boiling point)(图 4-15(c)),如环己烷(cyclohexane)和乙醇(ethanol)等。对于后两类溶液,在其最高或最低沸点处,气-液二相平衡时气相和液相的化学组成是相同的。如果蒸馏该溶液,只能够导致气相总量的增加,而气-液两相的组成和沸点都保持不变。因此,此混合物被称之为恒沸混合物,其所对应的最高温度或最低温度则称之为最高恒沸点或最低恒沸点(constant boiling point),相应的组成称之为恒沸物(azeotrope)组成。

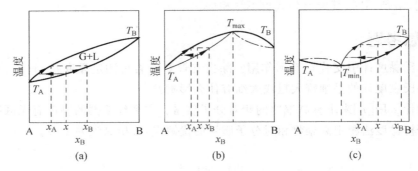

图 4-15 完全互溶双液系的沸点-组成(T-x)相图
(a)完全互溶;(b)有最高恒沸点;(c)有最低恒沸点

为了测定双液系的 T-x 相图,需在气-液平衡时分别测定双液系的沸点及其液相、气相的化学组成等。在本实验中,采用回流冷凝法测定环己烷-乙醇在不同组成时的沸点;气-液平衡时收集少量气相和液相冷凝液,分别用阿贝折射仪测定其折射率;然后,根据折射率与已知浓度样品之间的工作曲线,得出对应的气相和液相组成。

折射率与物质内部的分子运动状态有关,是物质的特性常数,纯物质具有确定的折射率。但是如果混有杂质,则其折射率会偏离纯物质的折射率,并且杂质越多,偏离越大。将纯物质溶解于某一溶剂中,其折射率也会发生相应的变化。当溶质的折射率小于溶剂的折射率时,浓度越大,混合物的折射率将越小;反而亦然。所以,测定物质的折射率就可以定量地求出该物质的浓度或纯度。

三、实验装置

沸点仪有多种类型,且各有特色,但是都可以用于测量沸点,都可以分离气-液二相平衡时的气相和液相。本实验使用的沸点仪是一只带有回流冷凝管的长径圆底蒸馏瓶。冷凝管底部有一个凹形小槽,可收集少量冷凝的气相样品(图 4-16)。

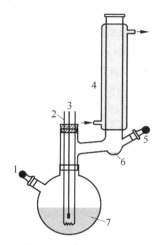

图 4-16　沸点仪示意图

1—液相样品采样口；2—加热元件；3—温度计或者温度传感器；4—冷凝管；
5—气相样品采样口；6—气相冷凝后样品；7—液相样品

四、仪器与试剂

本实验所用仪器设备和化学试剂如表 4-15 所示。

表 4-15　仪器设备和化学试剂一览表

名称	数量	名称	数量
沸点测定仪	1 套	烧杯（250 mL）	1 个
阿贝折射仪（包括恒温装置）	1 套	移液管（刻度：1 mL、10 mL）	各 2 支
长、短吸管	各 9 支	乙醇（分析纯）	适量
温度计（50～100℃，0.1℃）	1 支	环己烷（分析纯）	适量
移液管（胖肚，25 mL）	2 支	二次蒸馏水	若干
量筒（100 mL）	1 个		

五、实验步骤

(1) 将阿贝折射仪（Abbe refractometer）至于光亮处（但不可暴晒），然后把恒温进出水管与恒温槽的进出水管连接起来。调节恒温槽的水温,使之与绘制折射率-组成标准工作曲线时的温度相同。

(2) 用二次蒸馏水校正阿贝折射仪的零点（30℃时水的折射率为 1.3319）。打开阿贝折射仪的棱镜,向光棱镜的磨砂面滴入数滴二次蒸馏水；关上棱镜,调节棱镜使刻度尺读数与水的折射率值一样;用旋棒旋动镜筒外壁上的小凹槽,使明暗界线不带任何彩色,并与十字线交点重合。待仪器校正后,不允许随意动此部位。

(3) 将干燥、洁净的沸点仪(图 4-16)安装好,检查带有控温传感器的塞子是否塞紧,保证加热元件 2 靠近烧瓶底部中心,温度计 3 水银球的位置应处在支管之下加热元件 2 cm 之上。

(4) 从液相样品采样口加入约 20 mL 的纯环己烷于烧瓶内,并使传感器(温度计)3 浸入待测液体内;冷凝管接通冷凝水(下进上出);根据恒流电源操作使用说明,将电流大小调至 1.8~2.0 A,用加热元件对试样进行加热。当待测液体缓慢沸腾后,观测温度计的读数。待温度计的示数稳定,且能维持 3~5 min,则说明该体系已经达到气-液二相平衡。由于实验初始,冷凝管下端内的液体 6 不能代表平衡态下气相的组成,因此为了确保测试的准确性,须连同支架一起倾斜沸点仪,将该凹槽中的气相样品冷凝液 6 倒回烧瓶中,如此重复 3 次(注意:加热时间不宜太长,否则易导致物质挥发过多)。待温度稳定后,记下温度计的读数,其数值即为该溶液的沸点。与此同时,记录大气压的数值。接着切断电源停止加热,分别用吸管通过气相样品采样口 5,从凹槽中取出气相冷凝后样品 6;从液相样品采样口 1 吸出少许液相混合液,迅速测定各自的折光率。

需要注意的是:①用于取样的吸管务必保证清洁、干燥,取液以后均要用电吹风吹干备用。②测量前,阿贝折射仪的棱镜要晾干或要用擦镜纸轻轻吸干后,方能滴入样品。滴入样品以后应该迅速关好棱镜,以免样品挥发。③测量时样品液层要均匀铺展这个视场,没有气泡。

(5) 按照由少到多的顺序,从液相样品采样口 1 分别加入 0.4、0.6、1、2 和 3 mL 的无水乙醇,按照步骤(4)测定不同组成的互溶体系的沸点和折射率。测量完毕后,将烧瓶中的溶液倒入回收瓶,用电吹风吹干沸点仪。

(6) 按前述方法,先加入 45 mL 无水乙醇,测量其沸点和折射率,然后按先后顺序分别加入 0.45、1、4、8 和 10 mL 的环己烷,测量其沸点和折射率。实验结束后,将烧瓶中的溶液倒入回收瓶,用电吹风吹干,如实验前倒置后装好。

六、数据记录与处理

(1) 用 Origin 软件,以折射率为横坐标,以气相、液相的组成为纵坐标,绘制该温度下折射率-组成的工作曲线。

(2) 将所测得的沸点-折射率数据列表,并从工作曲线中查得相应的气、液相组成。

表 4-16　不同温度下,待测试样的沸点-折射率

样品	沸点	气相组成		液相组成	
		$n_{样品}^{25℃}$	$y_{C_6H_{12}}$	$n_{样品}^{25℃}$	$x_{C_6H_{12}}$
1					
2					
3					
4					
5					
6					

(3) 采用 Origin 软件,以温度为纵坐标,组成为横坐标,绘制环己烷-乙醇的沸点-组成图,根据所绘图形确定其最低恒沸点及恒沸混合物的组成。

七、注意事项

(1) 测定纯液体样品时,沸点仪必须是干燥的。
(2) 取样时,滴管必须干燥并且不可倒置;先取液相样品后取气相样品。
(3) 实验中可以调节加热电压来控制回流速度的快慢。电压不可过高,只要能使待测液体沸腾即可。电阻丝不能露出液面,一定要被待测液体浸没。
(4) 取样时,应该先关闭电源停止加热。
(5) 测折射率的速度尽量快,否则样品挥发导致测量结果不准。取样量应适当,太少不能测出数据,太多会影响后续试验数据的准确性。
(6) 使用阿贝折射仪读取数据时,特别注意在测定气相冷凝液与测定液相液样之间一定要用擦镜纸将镜面擦试干净。
(7) 使用时必须注意保护棱镜,切勿用其他纸擦拭棱镜,擦拭时注意指甲不要碰到镜面;滴加液体时,滴管切勿触及镜面。保持仪器清洁,严禁油手或汗触及光学零件。
(8) 实验过程中,电压、冷凝水等调节好后最好不要再改变。因为系统自身有趋向平衡的能力,外界条件改变就会破坏其平衡。同理,小球中的气相冷凝液不能倒回烧瓶。
(9) 严格控制加热电压,使液体保持微沸状态。不能过热。

八、思考题

(1) 本实验中,气液两相平衡的标志是什么?两相的温度组成是否一样?
(2) 过热会对实验产生什么影响?如何在实验中尽可能避免?
(3) 每次加入烧瓶中的环己烷或乙醇是否应按记录表规定准确计量?
(4) 测定纯环乙烷和乙醇的沸点时,为什么要求烧瓶必须是干的?测混合溶液沸点和组成的时候,为什么可以不必把原来附在瓶壁上的混合液绝对弄干?
(5) 本实验的主要误差来源是什么?
(6) 体系平衡时,两相温度应不应该一样?实际呢?怎样插置温度计的水银球在溶液中,才能准确测得沸点呢?

九、其他拓展

1. 沸点仪

测准双液系的沸点颇为不易,其原因主要在于沸腾时易导致过热,在气相中极易出现蒸馏效应(蒸汽压高、沸点低的组分在气相中的含量较高,在液相中的含量较低)。

2. 阿贝折射仪

折射率是物质的一个重要的物理性质,可用于测量透明、半透明液体或者固体的折射率和平均色散,分析溶液的成分,检测物质的纯度,求算物质摩尔折射率、分子的偶极矩和分子结构等。

阿贝折射仪所用的样品量较少(数滴即可),测量方法简单,读数准确(可到 1×10^{-4}),重复性好,无须特殊的光源设备(普通日光即可)。但是,不能用阿贝折射仪测量酸性、碱性物质和氟化物的折射率。若样品的折射率不在 1.3~1.7 范围内,也不能用阿贝折射仪测定。

阿贝折射仪是根据光的全反射原理设计的仪器,由目镜和读数系统构成,其示意图如图 4-17 所示。

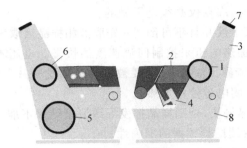

图 4-17　阿贝折射仪

1—锁钮；2—辅助棱镜；3—镜筒；4—反射镜；5—消色散棱镜；
6—读数螺旋(细调)；7—读数望远镜；8—底座

(1) 加样。松开锁钮,开启辅助棱镜,使其磨砂斜面处于水平位置,滴几滴丙酮于镜面,用镜头纸轻轻揩干。接着,滴加几滴试样于镜面上(滴管切勿触及镜面),合上棱镜,旋紧锁钮。若液样易挥发,可由加液小槽直接加入。

(2) 对光。转动镜筒使之垂直,调节反射镜使入射光进入棱镜,同时调节目镜的焦距,使目镜中十字线清晰明亮。

(3) 读数。调节读数螺旋,使目镜中呈半明半暗状态。调节消色散棱镜至目镜中彩色光带消失(粗调),再调节读数螺旋(细调),使明暗界面恰好落在十字线的交叉处。若此时呈现微色散,则继续调节消色散棱镜,直到色散现象消失为止。这时可从读数望远镜中的标尺(类似于游标卡尺)上读出折光率 n_D。为减少误差,每个样品需重复测量 3 次且 3 次读数的误差应不超过 0.002,最后取其平均值。

室温下(25℃)环己烷-乙醇完全互溶双液系统的组成-折射率关系如表 4-17 和图 4-18 所示。

表 4-17　室温下环己烷-乙醇完全互溶双液系统的组成-折射率关系

$x_{乙醇}$(体积分数)	$x_{环己烷}$(体积分数)	$n_D^{25℃}$
1.00	0.00	1.359 35
0.8992	0.1008	1.368 67
0.7948	0.2052	1.377 66
0.7089	0.2911	1.384 12
0.5941	0.4059	1.392 16
0.4983	0.5017	1.398 36
0.4016	0.5984	1.403 42
0.2987	0.7013	1.408 90
0.2050	0.7950	1.413 56
0.1030	0.8970	1.418 55
0.00	1.00	1.423 38

不同温度下水和乙醇的折射率如表 4-18 和图 4-19 所示。

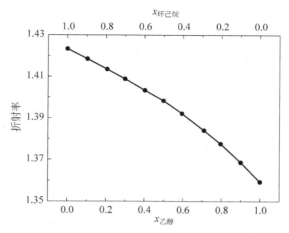

图 4-18　室温下环己烷-乙醇完全互溶双液系统组成对折射率的影响

表 4-18　不同温度下水和乙醇的折射率

$T/℃$	纯水	99.8%乙醇	$T/℃$	纯水	99.8%乙醇
14	1.333 48	—	34	1.331 36	1.354 74
15	1.333 41	—	36	1.331 07	1.353 90
16	1.333 33	1.362 10	38	1.330 79	1.353 06
18	1.333 17	1.361 29	40	1.330 51	1.352 22
20	1.332 99	1.360 48	42	1.330 23	1.351 38
22	1.332 81	1.359 67	44	1.329 92	1.350 54
24	1.332 62	1.358 85	46	1.329 59	1.349 69
26	1.332 41	1.358 03	48	1.329 27	1.348 85
28	1.332 19	1.357 21	50	1.328 94	1.348 00
30	1.331 92	1.356 39	52	1.328 60	1.347 15
32	1.331 64	1.355 57	54	1.328 27	1.346 29

注：相对于空气，纳光波长 589.3nm。

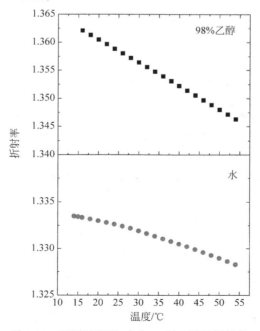

图 4-19　不同温度下，水和 98%乙醇的折射率

实验 8　Pb-Sn 固-液相图的绘制

一、实验目的

1. 用热分析法测绘 Pb-Sn 二组分金属相图。
2. 学会步冷曲线的分析及相变点温度的确定方法。

二、实验原理

相图(phase diagram)用以研究多相体系处于平衡时,体系状态随浓度(concentration)、温度(temperature)、压力(pressure)等变量(variable)改变而发生变化的图。它可以表示出：在特定条件下,体系存在的相数及各相的化学组成。对于液相和固相组成的凝聚体系而言,压力对其平衡的影响是非常小的,故可以不考虑压力的影响,此时相律变为自由度 f 等于组分数 C 减去相数 n 加上温度 1。对蒸气压较小的二组分凝聚体系而言,最多有两个独立变量,因此常以温度-组成($T\text{-}x$)相图来描述。

对于液相完全互溶的二元体系来说,凝固时可能出现完全互溶(完全固溶体)、部分互溶(有限固溶体)和完全不互溶 3 种情况,其典型相图如图 4-20 所示。

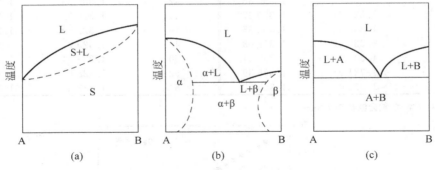

图 4-20　液相完全互溶二元体系典型的相图
(a)固相完全互溶；(b)固相部分互溶；(c)固相完全不互溶

热分析法(thermal analysis)是根据样品在加热或者冷却过程中,温度和时间的变化曲线来判断相变的一种方法,是绘制相图常用的基本方法之一。常用的热分析方法主要有差热分析法和冷却曲线法。差热分析法是在程序升温的条件下,通过测量温差与温度(时间)的关系来确定相变转化温度的方法,该方法灵敏度高、所需样品量较少、测量速度快。而冷却曲线法是将组分一定的样品加热熔融至液相后,在缓慢冷却的过程中,通过观察体系温度随时间变化的关系(步冷曲线)来判断有无相变发生的方法。通常的做法是先将体系全部熔化,然后让其在一定环境中自行冷却；每隔一定时间记录体系温度,并以温度(T)为纵坐标,时间(t)为横坐标,画出步冷曲线($T\text{-}t$)图。当体系内没有发生相变的时候,步冷曲线为连续变化的一条斜线；当体系内发生相变时,步冷曲线上将出现转折点或水平线段。相变与温度的这种响应关系主要是在于,相变时所产生的热效应改变了体系温度对时间的变化率。因此,根据步冷曲线的斜率变化即可确定体系的相变点温度。通过测定几个不同组分的步冷曲线，找出各相应的相变温度，最后即可绘制出相图。过程如图 4-21 所示。

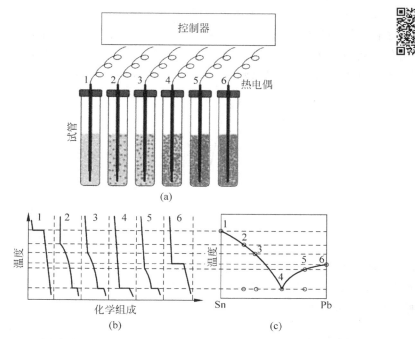

图 4-21　Sn-Pb 二元金属相图绘制的实验装置示意图(a)、步冷曲线(b)及其相应的相图(c)

对于一元组分 1 或者组分 6 而言，在压力固定不变的情况下，当体系均匀冷却时，如果没有发生相变，则体系的自由度 f 为 1（f＝组分数 1－相数 1＋温度 1），温度连续均匀下降，在步冷曲线中表现为一条平滑的斜线。随着温度的持续下降，单质 Sn 或者 Pb 的析出（发生相变），体系的自由度 f 改变为 0（f＝组分数 1－相数 2＋温度 1），相变潜热抵偿了热损失，温度不再发生变化，在步冷曲线中表现为一条水平的直线。此时的温度转折点即为该组分的相转变温度。随着温度的继续下降，当 Sn 或者 Pb 全部析出时，体系的自由度再次变为 1（f＝组分数 1－相数 1＋温度 1），在步冷曲线中变现为一条平滑的斜线。

对于低熔点二元组分 2、3、4、5 而言，在压力固定不变的情况下，当体系均匀冷却且没有相变发生的时候，体系的自由度 f 等于 1（f＝组分数 1－相数 1＋温度 1），温度连续均匀下降，在步冷曲线中表现为一条平滑的斜线。随着温度的下降，熔点较高的单质先析出来，体系的自由度 f 变为 1（f＝组分数 2－相数 2＋温度 1），相变放热抵偿体系热损失，但是由于固相组分不断发生变化，所以在步冷曲线中表现为一条略向上凸或者下凹或者近似直的光滑曲线。此时的转折点为两相平衡温度。随着温度的继续下降，单质 Sn 和 Pb 同时析出，此时固相、液相组成不变，建立了三相平衡，体系的自由度 f 为 0（f＝组分数 2－相数 3＋温度 1），温度保持不变，在步冷曲线上表现为一条水平直线。此时温度转折点为三相低共熔点。随着温度继续下降至液相消失，体系的自由度 f 变为 1（f＝组分数 2－相数 2＋温度 1），体系的温度均匀下降。

用热分析法绘制相图应当注意：
（1）用热分析法测绘相图时，被测体系必须时时处于或接近相平衡状态，因此必须保证冷却速度足够慢才能得到较好的效果。为了保证实验进度，一方面可以降低冷却速度，另一方面可以增加样品量。

（2）冷却过程中，一个新的固相出现以前，常常会出现过冷现象。基于析晶初始的晶籽较小，为了便于固相的形成，轻微过冷是有利于测量相变温度的；但如果过冷现象较为严重，却会使转折点发生较大的起伏，使相变温度的确定产生困难，如图 4-22 所示。遇此情况，可以通过外推法，即延长 dc 线与 ab 线相交于点 e，该交点即为转折点。

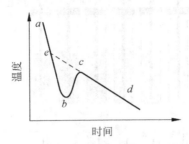

图 4-22　体系过冷的情况下，转折点和相变温度的偏移

（3）测得的温度值必须与体系的实际温度相符。因此，测温热电偶应置于样品中部。

本实验采用数字式电位计直接记录体系的步冷曲线，温度计用铜-康铜热电偶，用保温电炉控制体系的冷却速度。为了正确测定温度值，热电偶必须进行校正。

三、仪器与试剂

本实验所用仪器设备和化学试剂如表 4-19 所示。

表 4-19　仪器设备和化学试剂一览表

名称	数量
JX-3D 金属相图控制器（含热电偶）	1 台
金属相图加热装置	1 台
不锈钢样品管	6 支
Sn（分析纯）	100 g
Pb（分析纯）	100 g

四、实验步骤

1．配制样品

称量纯 Sn 和纯 Pb 各 100 g。然后按照质量分数 w_{Pb} 分别为 0%（纯锡）、20%、40%、58%、80%、100%（纯铅）配制锡、铅单质或者混合物样品。将所制备的样品倒入样品管中，在样品上部覆盖一层石墨粉，以防止样品氧化。最后置于加热装置的加热炉（一共有 10 个炉座上）中备用。

2．连接实验装置

实验装置连接方式如图 4-20 所示。关闭金属相图加热装置的风扇。将热电偶插入样品管中。注意热电偶和金属相图控制器窗口、样品类型的对应性。

3. 加热融化样品

接通控制器电源,打开电源开关,预热 3 min。按下控制器"设置"按键,依次按照"×100","×10","×1"和"×0.1"进行温度设置(一般无须设置而采用默认值)。各样品的温度设定值,需要参考该组分的熔点(表 4-20)。考虑到加热电炉的温度过冲,一般设定温度高于理论熔点 20~30℃。

表 4-20　Sn-Pb 金属混合物熔点(单位:℃)

w_{Sn}	0%	10%	20%	30%	40%	50%	60%	70%	80%	90%	100
w_{Pb}	100%	90%	80%	70%	60%	50%	40%	30%	20%	10%	0%
熔点	326	295	276	262	240	220	190	185	200	216	232

4. 样品的熔融

按"工作"按键,工作指示灯亮,控温区开始加热。待温度到达设定温度后,保温约 2 min 左右。用热电偶进行搅拌,以保证待测样品完全是液态,但是切记不可将热电偶抽出样品管。

5. 温度的测量

每隔 30 s 记一次热电偶的显示温度。当温度低于三相共存温度(183℃左右)50℃以后,实验结束。

6. 实验结束

实验完成后,取出样品管,关闭仪器开关,整理实验台。

五、数据记录与处理

(1) 将不同组成样品在冷却过程中的温度随时间的变化数据计入下表,作步冷曲线。

(2) 找出各步冷曲线的拐点和平台对应的温度值,以横坐标表示质量分数,纵坐标表示温度,绘制 Sn-Pb 二组分金属相图,确定低共熔点温度和低共熔混合物组成。

六、注意事项

(1) 用电炉加热样品时,注意温度要适当,温度过高样品易氧化变质;温度过低或加热时间不够则样品没有全部熔化,步冷曲线转折点测不出。

(2) 熔化样品时,升温电压不能太快,要缓慢升温。一般金属熔化后,继续加热 2 min 即可停止加热。

(3) 为使步冷曲线上有明显的相变点,必须将热电偶结点放在熔融体的中间偏下处,同时将熔体搅匀。冷却时,将金属样品管放在冷却炉中,控制温度下降打开风扇。

(4) 实验过程中,样品管要小心轻放,插换热电偶时,要格外小心,防止戳破样品管。

(5) 不要用手触摸被加热的样品管底部,更换热电偶时不要碰到手臂,以免烫伤。

(6) 在降温的过程中,为了加速降温的速度,可以开启风扇。但是在升温的过程中,在接近相平衡的过程中不可随意开启。

七、思考题

(1) 对于不同成分混合物的步冷曲线,其水平段有什么不同?

(2) 通常认为,体系发生相变时的热效应很小,则用热分析法很难测得准确相图,为什么？在 w_{Pb} 为 20% 和 80% 的两个样品的步冷曲线中第一个转折点哪个明显？为什么？

(3) 有时在出现固相的冷却记录曲线转折处出现凹陷的小弯,是什么原因造成的？此时应如何读相图转折温度？

(4) 金属熔融系统冷却时,冷却曲线为什么会出现转折点？纯金属、低共熔金属及合金等转折点各有几个？曲线形状为何不同？

(5) 从实验方法的角度,比较绘制气-液相图和固-液相图的异同点。

第 5 章

电化学实验

实验 9　原电池电动势的测定

一、实验目的

1. 掌握电位差计(potentiometer)的测量原理及测定电池电动势(electromotive force)的方法。
2. 认识丹尼尔原电池(Daniel galvanic cell)的组成。
3. 认识盐桥并了解盐桥的作用。
4. 认识参比电极-饱和甘汞电极(reference electrode-saturated calomel electrode)，了解其在测定某一电极电势的重要性。
5. 了解双电极系统和三电极系统的异同点。

二、实验原理

原电池(galvanic cell)系指能使化学能(chemical energy)转变为电能(electric energy)的装置。由正极(positive electorde)、负极(negative electrode)、电解液/质(electrolyte)和隔膜(separator,有的情况下没有)组成。本实验中,正极采用金属铜电极,负极采用金属锌电极,电解液分别为硫酸铜和硫酸锌,不采用隔膜(物理隔离)。

根据吉布斯自由能(Gibbs free energy)判断自发反应方向的依据,可知在等温等压且不做非体积功的条件下,电池放电属于自发过程(spontaneous process)。电池在放电的过程(discharge process)中,正极得电子发生还原反应(reduction reaction),负极失电子发生氧化反应(oxidation reaction)。电池体系的总反应即为正、负电极所发生反应的总和。

由吉布斯自由能和电池电动势(能斯特方程,Nernst equation)的关系(式 5-1)可知,在恒温、恒压以及可逆的条件下,电池的电动势大小可以通过电池反应的吉布斯自由能的变化来间接计算获得。反之,也可以通过所测电动势的数值大小来计算该电池反应的吉布斯自由能的变化值,进而求得其他的热力学参数(thermodynamic parameter)。但需要说明的是,所涉及的电化学反应必须是可逆的,并且没有液体接界电势(liquid junction potential)存在。

$$E = -\frac{\Delta_r G_m}{nF} \tag{5-1}$$

其中，E 为电池的电动势(V)；$\Delta_r G_m$ 为电池反应的吉布斯自由能($J \cdot mol^{-1}$)；n 为参与电池/电极反应的电子数；F 为法拉第常数(96 485 $C \cdot mol^{-1}$)。

电池的电动势(或者电压)是一个相对值，是正、负极的氧化还原电势(redox potential)之差，如式(5-2)表示。由此可知，若已知一个半电池的电极电势，则通过测定全电池的电动势，即可求得另一个半电池的电极电势。

$$E = \varphi_+ - \varphi_- \tag{5-2}$$

其中，φ_+、φ_- 分别是正极和负极的电极电势。

下面以铜-锌原电池(Cu-Zn cell)为例来进行分析。

铜-锌原电池可以表示为

$$(-)Zn \mid ZnSO_4(a_{Zn^{2+}}) \parallel CuSO_4(a_{Cu^{2+}}) \mid Cu(+) \tag{5-3}$$

其中，符号"$\mid$"表示固相(Zn 或 Cu)和液相($ZnSO_4$ 或 $CuSO_4$)的两相界面；"$\parallel$"表示连通两个液相的"盐桥"；$a_{Zn^{2+}}$ 和 $a_{Cu^{2+}}$ 分别为 Zn^{2+} 和 Cu^{2+} 的活度(activity)。

铜-锌原电池在自发放电的过程中，发生了如下电化学反应：

负极： $$Zn \longrightarrow Zn^{2+}(a_{Zn^{2+}}) + 2e^- \tag{5-4}$$

正极： $$Cu^{2+}(a_{Cu^{2+}}) + 2e^- \longrightarrow Cu \tag{5-5}$$

总反应： $$Zn + Cu(a_{Cu^{2+}}) \longrightarrow Zn^{2+}(a_{Zn^{2+}}) + Cu \tag{5-6}$$

此时，电池的电动势可以表示为

$$E = E^\ominus - \frac{RT}{2F} \ln \frac{a_{Zn^{2+}}}{a_{Cu^{2+}}} \tag{5-7}$$

其中，$E^\ominus$ 为电池的标准电动势(V)。

由式(5-7)可知，在一定温度下，电极电势的大小决定于电极的性质和溶液中有关离子的活度 a。

由此，电池反应的吉布斯自由能变化可以表示为

$$\Delta_r G_m = \Delta_r G_m^\ominus + RT \ln \frac{a_{Zn^{2+}} \, a_{Cu}}{a_{Cu^{2+}} \, a_{Zn}} \tag{5-8}$$

$$\Delta_r G_m = \Delta_r G_m^\ominus + RT \ln \frac{a_{Zn^{2+}}}{a_{Cu^{2+}}} \tag{5-9}$$

其中，$\Delta_r G_m^\ominus$ 为标准状态时的吉布斯自由能变化；a_{Cu} 和 a_{Zn} 分别为固体铜和锌的活度(纯固体物质的活度为 1)。

对单个离子而言，其活度是无法测定的。尽管如此，仍然可以根据 Debye-Huckel 理论方程式进行估算。

$$-\lg a = \frac{A z_i^2 \sqrt{I}}{1 + Ba\sqrt{I}} \tag{5-10}$$

$$I = \frac{1}{2} \sum_{i=1}^{n} (c_i z_i^2) \tag{5-11}$$

其中，I 为介质的离子强度（ionic strength）；a 是离子的有效半径（effective ionic radius）；A 和 B 的值随溶剂的温度、介电常数（dielecric constant）而变化；z_i 是离子电荷（ionic charge）；c_i 是离子的体积摩尔浓度（molarity）。

在标准状态（standard state）下，当 $a_{Cu^{2+}}=a_{Zn^{2+}}=1$ 时，

$$\Delta_r G_m^{\ominus}=-nFE^{\ominus} \qquad (5\text{-}12)$$

根据吉布斯-亥姆霍兹（Gibbs-Helmholtz）方程，还可求得各个温度下的熵（entropy）、焓（enthalpy）和电化学反应平衡常数（equilibrium constant）。

$$\left(\frac{\partial \Delta_r G_m}{\partial T}\right)_p=-\Delta S=-nF\left(\frac{\partial E}{\partial T}\right)_p \qquad (5\text{-}13)$$

$$\Delta_r H_m=-nFE+nFT\left(\frac{\partial E}{\partial T}\right)_p \qquad (5\text{-}14)$$

$$\ln K^{\ominus}=\frac{nFE^{\ominus}}{RT} \qquad (5\text{-}15)$$

此外，还有一类电池，其电池的电动势来源于正、负极浓度或者压力的差异，该种电池称之为浓差电池，该电池电动势可以用式(5-16)进行计算。

$$E=\frac{RT}{nF}\ln\frac{a_1}{a_2} \qquad (5\text{-}16)$$

电动势的测量方法在物理化学实验中占有非常重要的地位，通过测量电池在平衡状态下的电动势，可以获得平衡常数、电解质活度及活度因子、解离常数（dissociation constant）、溶度积（solubility product）、配合常数（complexation constant）、酸碱度（pH value）以及某些热力学参数。但是，单个电极电势的绝对值是无法测量的。因此，在实际的测量当中，通常以某一个电极电势已知的非极化电极（nonpolzrizable electrode）作为参比电极（reference electrode）。通过测量工作电极（或待测电极，working electrode）和参比电极间的电势（电压）来间接获得被测电极的电动势。为了便于使用，规定标准氢电极（standard hydrogen electrode，氢气压力为 1 atm、H^+ 的活度为 1 的铂电极）的电极电势为零。其他电极的电极电势值（如兰氏化学手册中查询到的标准氧化还原电位）均是与该标准氢电极比较而得到的相对数值。即假设标准氢电极与待测电极组成一个电池，并以标准氢电极为负极，待测电极为正极，这样测得的电池电动势数值就是该电极的电极电势。但是，在实际的使用或者操作的过程中，标准氢电极使用起来比较麻烦，因此常用电极电势相对稳定的饱和甘汞电极（saturated calomer electrode，SCE；0.2415 V）、银/氯化银复合电极（饱和氯化钾溶液，0.1981 V）等作为参比电极。

电池电动势或者开路电位（open-circuit voltage）是指没有电流通过时的电势降，该数值不能用伏特计（测试时有电流通过）直接测量。因为当伏特计（voltmeter）与电池接通后，电池放电持续发生化学变化，进而致使电池中溶液的浓度不断改变，故电动势值将相应地发生变化。此外，电池本身也存在内电阻，所以伏特计测量出的仅仅是两极间的电势降（包括内阻的压降），而不是真正意义上的电池电动势。因此，电池电动势的测量必须在电池处于可逆的条件下方可进行。根据对消法（compensation method）原理（即在外电路上加一个方向相反，电动势大小几乎相等的电池）设计了一种电位差计，以满足测量工作的要求（保证测试电路中几乎没有电流通过）。

电位差计的工作原理如图 5-1 所示。电位差计的工作电源 E，限流电阻 R_p，滑动变阻器 R_{AB} 构成了一个辅助回路。待测电池 E_x，检流计 G 和滑动变阻器 R_{AC} 构成了一个补偿回路。通过调节滑动变阻器的 C 就可以使流过检流计 G（不计电阻）的电流 I_c 为零。在已知辅助回路的工作电流 I_a 和 R_{AC} 的前提下，就可以求得待测电池的电动势（式(5-15)）。

$$I_a = \frac{E}{R_p + R_{AB}} \tag{5-17}$$

$$I_c = \frac{E_x}{R_{AC}} \tag{5-18}$$

当 $I_a = I_c$ 时，

$$E_x = \frac{E R_{AC}}{R_p + R_{AB}} \tag{5-19}$$

在实际测量的过程中，辅助回路的工作电流 I_a 是恒定的，并且电位差计都是在此电流下进行平衡的（即检流计示数 I_c 为零），因此待测电池电动势的数值实际上已经事先被标定在滑动变阻器的各段电阻上。

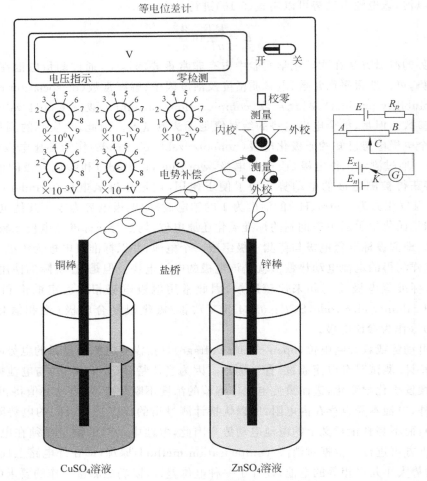

图 5-1　Cu-Zn 原电池电动势测定的实验装置示意图及其电位差的工作原理

E—电位差计的工作电源；R_p—限流电阻；E_x—待测电池的电动势；E_n—标准电池的电动势；G—检流计

三、仪器与试剂

本实验所用仪器设备和化学试剂如表 5-1 所示。

表 5-1 仪器设备和化学试剂一览表

名称	数量
数字电子电势差计	1 套
标准电池（惠斯登电池）	1 套
铜、锌电极	各 1 根
饱和甘汞电极	1 根
玻璃电极管	2 个
洗耳球	1 个
小烧杯	3 个
滴管	若干
U 形管	1 个
烧杯	1 个
玻璃棒	1 根
细砂纸	1 张
硫酸锌	若干
硫酸铜	若干
氯化钾	若干
盐酸洗液（0.1 mol·L^{-1}）	若干
硫酸洗液（6 mol·L^{-1}）	若干
琼脂	6 g

四、实验步骤

1. 锌电极的准备

用细砂纸轻轻打磨锌电极表面上的氧化层，然后用稀硫酸浸洗以去除表面的氧化膜，之后用去离子水（deionized water）洗涤干净，待滤纸吸干后放入玻璃电极管中（如图 5-1 和图 5-2(a)右侧烧杯）。接着向管内加入一定量的 $ZnSO_4$（0.100 mol·L^{-1}）溶液。

2. 铜电极

用细砂纸轻轻打磨铜电极表面上的氧化层，用稀硝酸浸洗后用去离子水洗涤干净，待滤纸吸干后放入玻璃电极管内（如图 5-1 和图 5-2(a)左侧烧杯）。接着向管内加入一定量的 $CuSO_4$（0.100 mol·L^{-1}）溶液。

3. 盐桥的制备

将适量的 KCl 饱和溶液缓慢倒入装有约 6 g 的琼脂粉末的烧杯中，用玻璃棒均匀搅拌以形成黏度适中的溶液。然后用滴管将配置好的溶液灌入干净的 U 形管中，冷却后待用。如果配制的琼脂/KCl 溶液黏度过小，则测试过程中饱和的 KCl 溶液容易流出污染测试电解液；如果黏度太大，则很难灌入 U 形管。

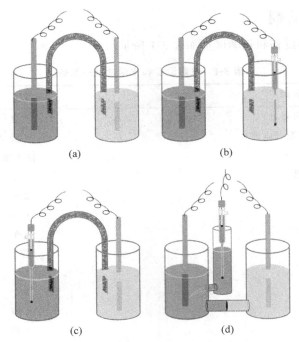

图 5-2 原电池电动势测量电池组成示意图
(a) Cu-Zn 原电池；(b) Cu-SCE 半电池；(c) SCE-Zn 半电池；
(d) Cu-Zn-SCE 三电极系统(Cu 为工作电极，SCE 为参比电极，Zn 为对电极)

4. 甘汞电极的使用

将甘汞电极上的橡胶塞拔下，检查电极管内的饱和 KCl 溶液是否没过汞齐(amalgam，白色圆柱部分)。若没有没过，可用滴管从侧孔处加入饱和 KCl 溶液。接着放入盛有饱和 KCl 溶液的烧杯中备用。

5. 电位差计的校准

接通电位差计的电源，打开电源开关预热 15 min。然后分别将红色(＋)和黑色(－)测量线的一段插入电位差计的外标线路所对应的"＋"和"－"插槽内(图 5-1)，另一端与标准电池的"＋"和"－"相连接。依次转动电位差计电压调节旋钮，使电位差计的示数与 E_n 完全一致。然后，将电位差计的功能开关调至"外标"状态，观察平衡指示是否为零。如果不是，则按"校零"开关进行校准。如果是零，则表示电位差计工作状态良好。

6. 电池的组合及其电动势的测量

电池的组合如图 12-2 所示，需要测定下列电池的电动势：

$Zn|ZnSO_4(0.01\ mol \cdot L^{-1})\ \|\ KCl(饱和)|Hg_2Cl_2|Hg$

$Hg|Hg_2Cl_2|KCl(饱和)\ \|\ CuSO_4(0.01\ mol \cdot L^{-1})|Cu$

$Zn|ZnSO_4(0.01\ mol \cdot L^{-1})\ \|\ CuSO_4(0.01\ mol \cdot L^{-1})|Cu$

$Zn|CuSO_4(0.01\ mol \cdot L^{-1})\ \|\ CuSO_4(0.1\ mol \cdot L^{-1})|Cu$

$Zn|ZnSO_4(0.01\ mol \cdot L^{-1})\ \|\ ZnSO_4(0.1\ mol \cdot L^{-1})|Cu$

待电池组装稳妥后(注意电极的极性，千万不可装反)，将电位差计面板右侧的功能选择调至"测量"位置(图 5-1),依次调节电位差计电压调节旋钮。采用"先粗调后细调"的原则,即先调至理论计算值,然后再微调至平衡指示为零,读出电动势的示数。最后按照这种方式,重复测量 7~8 次,取平均值。

注意:测量过程中,若电位指示值与实际测量值偏差过大,检零指示将显示"OU.L"溢出符号。

7. 实验结束

实验完成后,将甘汞电极表面洗净后套上电极保护套,装入电极盒。将盐桥进入 KCl 饱和溶液中保存。清洗仪器,电位差计归零,关闭电源开关。

五、数据记录与处理

(1) 将测定数据列表。

(2) 根据 SCE 的电极电位温度校正公式,计算实验温度下的电极电势。

$$\varphi_{SCE} = 0.2415 - 7.61 \times 10^{-4}(T - 298)$$

(3) $ZnSO_4$(0.100 mol·L^{-1})和 $CuSO_4$(0.100 mol·L^{-1})的平均活度系数 $\gamma_\pm$ 都为 0.15,$ZnSO_4$(0.010 mol·L^{-1})和 $CuSO_4$(0.010 mol·L^{-1})的平均活度系数 $\gamma_\pm$ 分别为 0.39 和 0.41,计算活度 a,计算实验温度下铜电极和锌电极的标准电极电势。

(4) 测量实验温度下铜电极和锌电极的标准电极电势,并计算测量误差。

六、注意事项

(1) 甘汞电极内必须充满 KCl 饱和溶液,并注意在电极槽内应有固体 KCl 存在,以保证所测温度下均为饱和溶液。

(2) 甘汞电极使用时,应该取下侧面加液孔的塞子,使其与大气连通,以免引起误差。

(3) 电极处理好后,应尽快测量,以免引起电极的氧化,从而造成较大的测量误差。

(4) 测量浓差电池前,一定要反复洗涤电极,并用溶液多次振荡清洗电极管,然后组装,否则将会引起较大测量误差。

(5) 电位差计的测量属于平衡测量,因此测量前应先初步估算待测电池的电动势大小,以便于迅速找到平衡点,防止电极发生极化。

(6) 为了甄别电动势测量结果的可信度,一般在 15 min 内等间隔测试 7~8 个数据。如果这些数据在平均值附近振荡,且振幅小于 0.5 mV,则认为体系已经达到了平衡状态。

(7) U 形管中以及两端不可出现气泡,否则将引起电位的偏离,从而产生实验误差。

七、思考题

(1) 对消法测电动势的原理是什么?能否用伏特表测量原电池的电动势?

(2) 参比电极应具备什么条件?它有什么功用?

(3) 若电池的极性接反了有什么后果?

(4) 盐桥有什么作用?选用作盐桥的物质应有什么原则?

(5) 如果该电池体系没有引入盐桥,那么除了电极上所发生的氧化还原反应之外,还有哪些过程?这些过程对电池的可逆性有什么影响?

八、其他拓展

Cu、Zn 电极的温度系数及标准电极电势如表 5-2 所示。

表 5-2　Cu、Zn 电极的温度系数、标准的氧化还原电位

电极类型	电极反应	$\alpha \times 10^3/(\text{V}\cdot\text{K}^{-1})$	$\beta \times 10^3/(\text{V}\cdot\text{K}^{-1})$	$\varphi^{\ominus}_{298}/\text{V}$
Cu^{2+}/Cu	$Cu^{2+}+2e^-\rightarrow Cu$	-0.016	—	0.3419
$Zn^{2+}/Zn(Hg)$	$Zn^{2+}+2e^-\rightarrow Zn$	-0.1	0.62	-0.7627

常用参比电极的电极电势及其温度系数如表 5-3 所示。

表 5-3　常用参比电极在 25℃ 时的电极电势及温度系数*

名称	体系	E/V	$(dE/dT)/(\text{mV}\cdot\text{K}^{-1})$
氢电极	$Pt,H_2 \mid H^+(a_{H^+}=1)$	0.0000	—
饱和甘汞电极	$Hg,Hg_2Cl_2 \mid KCl(饱和)$	0.2415	-0.761
标准甘汞电极	$Hg,Hg_2Cl_2 \mid 1\ \text{mol}\cdot\text{L}^{-1}\ KCl$	0.2800	-0.275
甘汞电极	$Hg,Hg_2Cl_2 \mid 0.1\ \text{mol}\cdot\text{L}^{-1}\ KCl$	0.3337	-0.875
银-氯化银电极	$Ag,AgCl \mid 0.1\ \text{mol}\cdot\text{L}^{-1}\ KCl$	0.2900	-0.3
氧化汞电极	$Hg,HgO \mid 0.1\ \text{mol}\cdot\text{L}^{-1}\ KOH$	0.1650	—
硫酸亚汞电极	$Hg,Hg_2SO_4 \mid 10.1\ \text{mol}\cdot\text{L}^{-1}\ H_2SO_4$	0.6758	—
硫酸铜电极	$Cu \mid CuSO_4(饱和)$	0.3160	-0.7

* 25℃，相对于标准氢电极（NCE）。

在不同温度下，饱和甘汞电极的电极电势可以通过式(5-20)计算：

$$\varphi=0.2412-6.61\times10^{-4}(T-25)-1.75\times10^{-6}(T-25)^2-9\times10^{-10}(T-25)^3 \tag{5-20}$$

在不同温度下，标准甘汞电极的电极电势可以通过式(5-21)计算：

$$\varphi=0.2801-2.75\times10^{-4}(T-25)-2.50\times10^{-6}(T-25)^2-4\times10^{-9}(T-25)^3 \tag{5-21}$$

在不同温度下，$0.1\ \text{mol}\cdot\text{L}^{-1}$ 甘汞电极的电极电势可以通过式(5-22)计算：

$$\varphi=0.3337-8.75\times10^{-5}(T-25)-3\times10^{-6}(T-25)^2 \tag{5-22}$$

饱和标准电池在 0～40℃ 内的温度校正值如表 5-4 和图 5-3 所示。

表 5-4　饱和标准电池在 0～40℃ 内的温度校正值*

$T/℃$	$\Delta E/\mu\text{V}$	$T/℃$	$\Delta E/\mu\text{V}$	$T/℃$	$\Delta E/\mu\text{V}$
0	345.60	8	328.71	16	144.30
1	353.94	9	314.07	17	111.22
2	359.13	10	296.90	18	76.09
3	361.27	11	277.26	18.5	57.79
4	360.43	12	255.21	19	39.00
5	356.66	13	230.83	19.5	19.74
6	350.08	14	204.18	20	0
7	340.74	15	175.32	20.5	-20.20

续表

$T/℃$	$\Delta E/\mu V$	$T/℃$	$\Delta E/\mu V$	$T/℃$	$\Delta E/\mu V$
21	−40.86	27	−322.15	34	−718.84
21.5	−61.97	28	−374.62	35	−780.78
22	−83.53	29	−428.54	36	−843.93
23	−127.94	30	−483.90	37	−908.25
24	−174.06	31	−540.65	38	−973.73
25	−221.84	32	−598.75	39	−1014.32
26	−271.22	33	−658.16	40	−1108.00

* 相对于 20℃, $E_{20}=1.01845$ V。

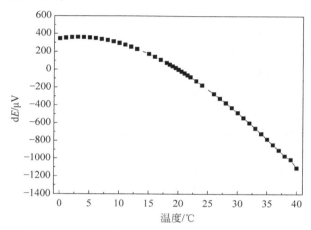

图 5-3 不同温度下,饱和标准电池的温度校准值

亦可按照式(5-23)来进行计算。

$$\Delta E_T = -39.94(T-20) - 0.929(T-20)^2 + 0.0090(T-20)^3 - 0.00006(T-20)^4 \tag{5-23}$$

室温下,硫酸铜、硫酸锌和氯化钾电解质的活度系数与质量摩尔浓度的关系如表 5-5。

表 5-5 室温下,$CuSO_4$、$ZnSO_4$ 和 KCl 的活度系数与质量摩尔浓度的关系

质量摩尔浓度/$(mol \cdot kg^{-1})$	0.01	0.1	0.2	0.3	0.4	0.5	0.6	0.7	0.8	0.9	1.0
a_{CuSO_4}	0.40	0.150	0.104	0.0829	0.0704	0.062	0.0559	0.0512	0.0475	0.0446	0.0423
a_{ZnSO_4}	0.387	0.150	0.140	0.0835	0.0714	0.0630	0.0569	0.0523	0.0487	0.0458	0.0435
a_{KCl}	0.899	0.770	0.718	0.688	0.666	0.649	0.637	0.626	0.618	0.610	0.604

实验 10 电泳法测定氢氧化铁胶体的 Zeta 电势

一、实验目的

1. 认识胶体(colloid)的双电层结构(electrical double layer)。

2. 观察胶体的电响应（electrical response），进而了解胶体的电学性质（electrical propety）。

3. 掌握电泳法测定胶体 Zeta 电位的原理和方法。

二、实验原理

1. 胶体与溶液、悬浮液的差别

溶胶（sol）是一个由分散相（dispersed phase）和连续相（continuous phase 或分散介质 dispersed medium）所组成的多相体系（heterogeneous system），体系内分散相微小的不溶颗粒或者液滴均匀、稳定地分散于另一个连续相（气相、液相或者固相）中。其中，分散相的粒径或者液滴大小介于 1～100 nm 之间，有时把 100～1000 nm 的粒子也纳入其中，可以通过超显微镜（ultramicroscope）和电子显微镜（electron microscope）进行观察。当使用激光进行照射时，能够观察到明显的丁达尔现象（Tyndall phenomenon），如图 5-4 所示。与溶胶不同，溶液（solution）中的溶质（solute）和溶剂（solvent）是一个单相体系（monophasic system），溶质和溶剂分子均以分子或者离子的形式存在，彼此没有界面，激光照射时不会观察到丁达尔现象，并且溶液的视觉效果较溶胶暗。尽管激光照射悬浮液（suspension）也能观察到丁达尔现象，但是分散相粒子粒径较大（大于 1000 nm），悬浮液稳定性较溶胶差，静置一段时间随后即分层（delamination）或者沉淀。

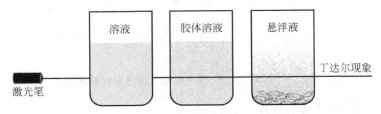

图 5-4　激光照射后，溶液、溶胶和悬浮液的光响应

2. 溶胶的双电层结构

胶体粒子的形成（如 AgI 溶胶制备）和电离（ionization，如蛋白质分子在酸性或者碱性溶液中的电离）、胶粒的选择性吸附（preferential adsorption）以及胶体和连续相介质间的摩擦（friction）等因素，致使胶粒表面形成带有一定量同号电荷的离子层（ionic layer），此为电位离子层，是双电层的内层（internal layer of the electric double layer），如图 5-5 所示。基于电中性原则（charge neutrality），正、负离子通过静电吸附（electrostatic adsorption）和热扩散运动（thermal diffusion）等方式，在连续相一侧会衍生形成一个电量相同、符号相反的反离子层，此为双电层的外层。由内到外，反离子受电位离子的束缚逐渐变小，并在一定厚度内（大约为几个纳米）反离子层会伴随着胶粒一起运动。不随胶粒运动的反离子层和电位离子一起构成了胶体粒子的固定层。这一固定层的存在正是胶粒溶剂化（solvation）作用的结果。而固定层外，反离子受热运动和水合作用（hydration）的影响较大，并在浓差梯度（concentration gradient）驱动下进行扩散至与本体溶液（bulk solution）浓度相同，这一范围称为扩散层（diffusion layer）。而固定层和扩散层的分界面即为滑动面（sliding layer）。通常情况下，反离子所带的电荷少于电位离子数，故胶粒总是带有剩余电荷（residual charge）。剩余电荷的电量与扩散层的相等，符号与扩散层的相反。显然，在滑动面和本体溶液之间就

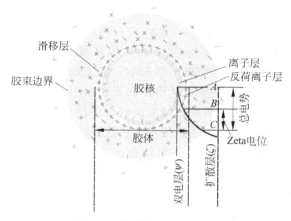

图 5-5 溶胶的双电层结构

会产生一个电场,其大小即为电动电位或者 Zeta 电位。同理,胶粒表面和本体溶液之间也会产生一个固定的电场,其大小即为总电位或者 ψ 电位。与 ψ 电位不同,Zeta 电位会随着温度、pH、溶液中离子强度等外部条件而变化。因此,Zeta 电位经常被用于表征胶体稳定性强弱和凝聚条件的重要参数,该参数的测定可以通过 Zeta 电位仪来进行。

根据电学的基本定律,Zeta 电位可以用式(5-24)来进行定量计算:

$$\zeta = \frac{4\pi q \delta}{\varepsilon} \tag{5-24}$$

其中,q 为胶体粒子的电动电荷密度,即胶粒表面与溶液主体间的电荷差(C);δ 为扩散层的厚度(cm);ε 为连续相的介电常数,该值随温度的变化而变化。

3. 电泳法及其测试原理

在外场的作用下,胶粒相对于分散介质或者连续相的运动称为电泳。如图 5-6 所示,将胶体溶液倒入 U 形管中。当 U 形管两端不施加电压的情况下($t=0$),溶体溶液呈电中性,胶体粒子相对静止。当 U 形管两端施加电压以后($t=t_1, t=t_2$),由于胶粒表面电荷和连续介质的电荷电性相反,因此在电场的作用下会发生相应的移动,从而使溶液产生了电位,这个电位即为 Zeta 电势。且随着电压的增加或者时间的推移,胶体粒子和连续相的分离程度越发明显。根据这种反应现象,已经开发了诸如电化学沉积(electrochemical deposit)等制备纳米材料的合成方法。

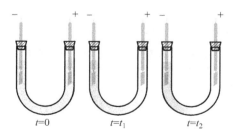

图 5-6 在电场作用下,胶粒的电泳行为

如前所述,Zeta 电势是表征胶体的一个非常重要的指标,其对于研究胶体的性质及其应用至关重要。研究 Zeta 电势时,主要关注其大小,而符号表示的是胶粒表面所带的是正

电荷还是负电荷。Zeta 电势绝对值越大，表明胶粒电荷越多，胶粒间的排斥力越大，胶体越稳定，比如当胶体的 Zeta 电势不小于 40 mV 左右时，该胶体溶液被认为是较稳定的。当 Zeta 电势等于零时，胶体溶液非常不稳定，此时可以观察到胶体的聚沉。Zeta 电势的测量可以采用电渗、电泳、流动电势或者沉降电势等实验来实现，但是最常用的要数电泳法。电泳法又可分为宏观法和微观法。观察胶体溶液和无胶粒的无色电解液间界面的移动来进行测定的方法属于宏观法，高分散的溶胶或者浓度较大的溶胶适用于该方法。而测定单个胶粒在电场中的速度属于微观法，此方法适用于颜色过浅或者浓度较稀的溶胶。

本实验主要采用带刻度的 U 形管（亦可用拉比诺威奇-付其曼 U 形电泳仪），测定一定外加电场强度下胶粒的电泳速度，进而计算 Zeta 电势。实验装置原理图如图 5-6 所示。

在 U 形管两端施加一定的电场强度 $E(V)$，在 t 时间内观察溶胶界面移动的距离 $D(cm)$，即可测得胶粒的电泳速度 $v(m \cdot s^{-1})$。

$$E = \nabla E \cdot L \tag{5-25}$$

$$f = \eta \frac{dv}{dx} = \eta \frac{v}{\delta} \tag{5-26}$$

$$F = q \nabla E = \eta \frac{v}{\delta} \tag{5-27}$$

$$v = \frac{qE\delta}{L\eta} \tag{5-28}$$

$$\zeta = \frac{q}{\varepsilon r} \tag{5-29}$$

$$v = \frac{D}{t} \tag{5-30}$$

其中，∇E 为电位梯度（$V \cdot m^{-1}$）；L 为两极间的距离（m）；η 为连续相的黏度（$Pa \cdot s$）；δ 为扩散层的厚度。

接着可以用式（5-31）计算出 Zeta 电势。

$$\zeta = \frac{\kappa \eta v}{4\varepsilon_0 \varepsilon_r E} \tag{5-31}$$

其中，κ 为与胶粒形状有关的常数，对于球形胶粒取 6，棒状胶粒取 4；η，ε_r 分别为连续相的黏度和相对电容率；ε_0 为真空电导率。

三、仪器与试剂

本实验所用仪器设备和化学试剂如表 5-6 所示。

表 5-6 仪器设备和化学试剂一览表

名称	数量
U 形管	1 个
铂电极	2 根
恒温水浴锅	1 台
塞子	2 个
锥形瓶	1 个
烧杯（1000 mL）	1 个
皮筋	若干

续表

名称	数量
直流稳压电源	1 台
$FeCl_3 \cdot 6H_2O$	0.8~1 g
$KCl \cdot 6H_2O$	0.8~1 g
棉胶液（CP）	适量
去离子水	若干

四、实验步骤

1. 氢氧化铁（$Fe(OH)_3$）溶胶的制备

称取 0.8~1 g 六水氯化铁溶于 20 mL 的去离子水中。待溶解后滴入 200 mL 的沸水中，煮沸 1~2 min，即制得了所需的氢氧化铁溶胶。由于温度降低，氯化铁的水解反应会逆向进行，因此在进行电泳实验之前需要进行渗析处理。

2. 渗析半透膜的制备

向洗净干燥的锥形瓶中加入 20 mL 的棉胶液（collodion，硝化纤维溶液溶解在 1 份乙醇和 3 份乙醚的混合物溶液），轻轻转动锥形瓶，以保证棉胶液均匀附着于锥形瓶内壁，边旋转锥形瓶边倒出多余液体。将锥形瓶倒置，5~10 min 后待溶剂烘干（用手触及无黏着感），向胶膜和锥形瓶壁间注入去离子水脱膜，将膜浸入去离子水中以使残余乙醇溶出。倒出去离子水并用小刀割开薄膜，用手轻挑，小心取出胶膜。检查胶膜不漏（水渗出速度小于 4 $mL \cdot h^{-1}$）之后，放入去离子水中浸泡待用。如果膜袋出现泄漏的情况，用玻璃棒蘸少许棉胶液轻轻接触漏洞即可补好。

3. 溶胶的纯化

将温度为 50℃的氢氧化铁溶胶 50 mL 装入胶膜中，用皮筋将口扎紧。放入 50℃的蒸馏水中（800 mL）渗析，10 min 换一次水，渗析 5 次。最后用硝酸银溶液（1%）和 KCNS（1%）检验 Fe^{3+} 和 Cl^- 是否已经被完全去除。最后将纯化后的溶胶进行陈化处理（aging）。

4. 测定电泳的速度

将 U 形管洗净烘干，用少量纯化后的氢氧化铁溶胶润洗 2~3 次，注入纯化处理过的氢氧化铁溶胶。将铂电极插入 U 形管，并没过溶胶液面，用橡胶塞固定。在 U 形管上做好标记，记录溶胶的原始高度。打开直流恒压电源，缓慢调节电压至 150~300 V，同时打开秒表，观察溶胶液面的移动现象和表面现象。当界面上升或者下降一定距离时，记录下时间和电压。在同样的条件下重复进行 3 次实验。此外，换新溶胶后，改变所施加的电压，测定界面上升或者下降一定距离时的时间，重复实验 3 次。

5. 装置参数测量

测量两个电极间的距离。

6. 实验结束

洗净 U 形管、铂电极，清理台面，将设备恢复原位。

五、数据记录与处理

（1）将实验数据代入式(5-25)和式(5-30)计算电泳速度和电位梯度。

(2) 根据式(5-31)计算 Zeta 电势。
(3) 根据胶粒的电泳现象确定胶粒所带的电荷符号。
(4) 讨论误差来源。

六、注意事项

(1) U 形管、电极需要清洗干净,避免其他离子干扰。
(2) 制备渗透膜时,过早加水易导致胶膜中的溶剂不能完全挥发(胶膜呈乳白色),过晚加水易导致胶膜干裂,不宜取出。该渗透膜可以用商用透析膜来代替。
(3) 制备氢氧化铁胶体时应控制好温度、浓度、搅拌速率和滴加速率。渗析时要控制好水温,保持搅拌,勤换渗析液。
(4) 为了保证实验结果的准确性和可重复性,所制备的胶体应该粒径均一,胶粒附近的反离子分布趋于合理,基本形成热力学稳定态。
(5) 注意胶体所带的电荷,切记不可插错电极。
(6) 观察界面要仔细,测量距离要准确。

七、思考题

(1) 电泳速率与哪些因素有关?
(2) 如何确定最小的施加电压?
(3) 写出本实验所涉及的化学反应方程式,请从理论上分析氢氧化铁胶粒的带电情况。
(4) 本实验可否采用纯净水来配制溶胶?
(5) 连续相的电导率与待测溶胶电导率的关系如何?

八、其他拓展

在不同温度下,连续相的介电常数可以通过式(5-32)来计算:
$$\varepsilon = 80 - 0.4(T - 293) \tag{5-32}$$

几种胶体的 Zeta 电势见表 5-7。

表 5-7 几种胶体的 Zeta 电势

水溶液				有机溶液		
分散相	ζ/mV	分散相	ζ/mV	分散相	分散介质	ζ/mV
As_2S_3	−32	Bi	16	Cd	乙酸乙酯	−47
Au	−32	Pb	18	Zn	乙酸甲酯	−64
Ag	−34	Fe	28	Zn	乙酸乙酯	−87
SiO_2	−44	$Fe(OH)_3$	44	Bi	乙酸乙酯	−91

实验 11 锂离子电池的组装

一、实验目的

1. 通过扣式(coin-cell)锂离子电池的组装,了解锂离子电池的主要组成部分。

2. 理解锂离子电池的工作原理(operating principle)。
3. 了解实验室组装扣式锂离子电池的工艺，特别是正极极片的制作工艺。

二、实验原理

理解锂离子电池的组成和工作原理，将有利于清楚地理解关键电极材料的选择标准，将有利于清晰地认识到锂离子电池电化学性能(即能量密度和功率密度)的局限性。一般来说，锂离子电池主要由阴极(正极)、阳极(负极)、电解液/电解质、隔膜(separator)、铝塑膜(alumina plastic film)外包装、极耳(tab)6个部分组成。负极材料主要选择具有层状结构(layered structure)或者可供锂离子进行脱嵌(intercalation-deintercalation)的石墨(graphite，约 372 mAh·g^{-1})、二氧化钛(TiO_2)、硅基(Si-based)、锡基(Sn-based)和铁基(Fe-based)等材料。正极材料主要采用层状的或者可供锂离子进行脱嵌的钴酸锂($LiCoO_2$)、尖晶石锰酸锂(Li_2MnO_4)、橄榄石型磷酸铁锂($LiFePO_4$)和层状三元材料等。其中，锂离子电池容量的受限环节为正极材料。以正极材料磷酸铁锂(约 170 mAh·g^{-1})为例，简要说明锂离子的嵌锂机制，如图 5-7 所示。为便于说明，左边的球体为磷酸铁锂，右边的球体为磷酸铁。在放电的过程中，锂离子自外部向磷酸铁体相内部进行扩散，导致了磷酸铁锂/磷酸铁的二相共存。当磷酸铁全部转化为磷酸铁锂的时候，放电过程结束。放电过程中发生的化学反应如式(5-33)所示。充电过程为放电过程的逆过程，在此不再赘述。由于锂离子在磷酸铁锂体相的扩散速率通常在 10^{-13} cm^2·s^{-1} 量级水平，因此其大电流性能会受到一定的影响。

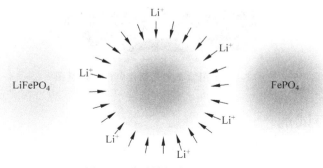

图 5-7　磷酸铁锂嵌锂示意图

$$FePO_4 + Li^+ + e^- \longrightarrow LiFePO_4 \tag{5-33}$$

锂离子电池的工作原理如图 5-8 所示。充电(charge)过程中，锂离子从阴极的晶格中脱出，阴极材料被氧化。在电场梯度(∇E)的作用下，锂离子通过电解质中的隔膜流向阳极，进而嵌入阳极，如图 5-8 所示。充电时，阳极和阴极之间锂离子的浓度差(∇C)与电场的方向相反，并且随着充电过程的进行将变得更加明显。与此同时，两电极之间的电位梯度将逐渐减弱。该系统中所出现的电场和浓度场的这种耦合作用非常类似于分子间的相互作用力。相反，放电过程中，锂离子从阳极脱出，在电场的作用下，电解液中的锂离子从阳极通过隔膜转移到阴极。最后，锂离子嵌入阴极，阴极被还原。很明显，在整个充放电回路中，锂离子在阳极和阴极之间往复运动。因此，二次锂离子电池有时可以称为摇椅电池。

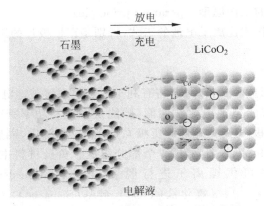

图 5-8　锂离子电池的工作原理示意图

作为重要的组成部分,电极的制作是非常关键的,在一定程度上将会决定电池的电化学性能表现。通常情况下,电极是通过涂布工艺来进行制作的,即将流动性良好的电极材料、导电剂和黏结剂的 NMP(N-甲基吡咯烷酮)浆料涂敷于铜箔或者铝箔上,然后通过干燥、热整制等工艺而成。涂布工艺过程示意图如图 5-9 所示。

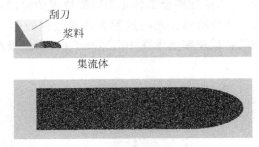

图 5-9　采用涂布工艺制作电极的示意图

三、仪器与试剂

本实验所用仪器设备和化学试剂如表 5-8 所示。

表 5-8　仪器设备和化学试剂一览表

名称	数量
磁力搅拌器	1 台
特制烧杯	1 个
搅拌子	1 个
铝箔	适量
导电炭黑	适量
黏结剂	适量
溶剂	适量
鼓风干燥箱	1 台
真空烘箱	1 台
涂膜器	1 个

续表

名称	数量
扣式模具	1 套
锰酸锂（自制）	适量
隔膜	若干
胶头滴管	若干

四、实验步骤

1. 电极极片的制作

（1）制浆：称取一定比例的活性材料、导电炭黑和黏结剂 PVDF（比如采用质量比 80∶10∶10），放入特制烧杯中进行磁力搅拌（干混至颜色均匀）；逐滴加入适量溶剂（N-甲基吡咯烷酮），磁力搅拌以配制成流动性良好的浆料；搅拌 4 h 后待用。采用原料如图 5-10 所示。

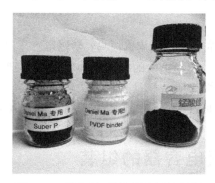

图 5-10　导电剂、黏结剂和活性材料

（2）涂布：采用流延工艺，用涂抹器将浆料均匀涂敷在导电集流体上（铝箔哑光面）。涂好的膜应以舌头形状为佳。

（3）干燥：将涂布好的电极置于 85℃的鼓风干燥箱中进行干燥。干燥时间 6～8 h。

（4）热整制：将干燥后的极片至于真空干燥箱中热整制 12 h 或者通过热轧机进行整制；

（5）切片：将热整制后的极片冲成直径为 16 mm 的圆片备用。

（6）称量：用分析天平称取极片的质量，然后放入真空干燥箱中在 100℃下干燥 12 h。最后趁热移入手套箱中，进行后续扣式电池的组装。

2. 扣式电池的组装

（1）正极为待测电极极片，负极采用高纯的金属锂片，电解液采用（待定），隔膜采用 Celgard 公司的微孔聚丙烯膜；

（2）组装顺序：负极底座—碗形弹片—不锈钢片—高纯金属锂—电解液—隔膜—测试电极—不锈钢片—正极盖。零部件照片和扣式电池结构示意图如图 5-11 所示。

（3）封装：经手动封口机封装。

3. 电池性能测试

将组装好的扣式电池取出手套箱，静置 3～4 h 后，进行电化学性能的测试，用于点亮 LED 灯（图 5-12）。

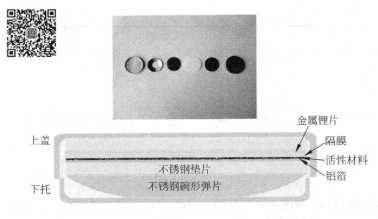

图 5-11　零部件照片和扣式电池结构示意图　　　　　图 5-12　电池性能测试

五、思考题

(1) 在集流体的选择中,正极可以选用铜箔吗？负极可以选用铝箔吗？选择的根据是什么？
(2) 什么是三电极系统？和本试验的扣式电池有什么区别？
(3) 浆料和最终极片活性物质的载量有什么关联？
(4) 为什么要进行热整制？在热整制的过程中需要注意什么？

实验 12　柔性超级电容器的组装

一、实验目的

1. 了解超级电容器的类型及其充放电机制(charge-discharge mechanism)。
2. 了解丝网印刷(screen printing)制作柔性电极的工艺。
3. 了解全固态(all solid state)柔性器件的制作工艺。

二、实验原理

　　超级电容器的储能机制(energy storage mechanism)主要有两种：一为双电层电容存储机制；另一种为具有法拉第效应的赝电容存储机制,如图 5-13 所示。双电层超级电容器利用的是电极与电解质溶液界面处所形成的双电层效应(非法拉第电流),双电层的形成和解除几乎是瞬间完成,仅仅涉及电荷的重新排布。为了获得较高的电容量,电极材料需要具有较大的比表面积和适当的孔分布或者孔结构。赝电容超级电容器利用的则是电极表面或者近表面发生的可逆化学反应(法拉第电流),该过程涉及电极表面的吸脱附、内部的脱嵌、氧化还原反应或者是导电聚合物的掺杂/去掺杂过程。通常情况下,赝电容超级电容器的电容量要远远高于双电层超级电容器的电容量。混合超级电容器是这两者的组合,即一个电极是具有双电层效应的电极,一个电极是具有赝电容效应的电极。除了充放电速率和循环寿命的差别之外,超级电容器的电活性区域仅为电极材料的颗粒表面而非电池的电极材料体相,因此高性能的超级电容器用电极材料均要求具有较高的比表面积和丰富的孔结构。目前,可用作超级电容器的电极材料主要有具有层次孔的多孔活性炭、石墨烯、碳纤维、二氧化锰、氧化钌、二氧化钒、导电高分子等。

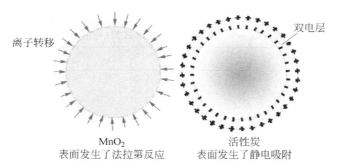

图 5-13 超级电容器的能量存储机制(赝电容和双电层存储机制)

柔性超级电容器的构造与传统的超级电容器的构造相似,但是柔性超级电容器的结构将更加简单,不需要独立的集流体。具有良好的导电性的柔性电极(比如碳网状结构物、泡沫镍等)就可以充当集流体。此外,柔性超级电容器的外包装多采用柔性的塑料:如塑料袋、聚对苯二甲酸类塑料(poly ethylene terephthalat,PET)、聚二甲基硅氧烷(poly dimethylsiloxane,PDMS)和聚四氟乙烯板等。如此一来,器件将变得更轻、更薄、更柔软。考虑到器件的总体积和总重量,其体积能量密度或者质量能量密度也能够得以较大提升。

作为柔性超级电容器的核心部件,柔性电极的制作除了可通过涂布工艺、编织工艺等来制作之外,还可以采用丝网印刷的方式进行。丝网印刷的方法主要涉及 3 个基本要素,即油墨、承印物和丝网印版,图 5-14 为丝网印刷的流程示意图。油墨的配制方法是将活性物质粉末、导电剂乙炔黑和黏结剂 LA133 分散于水中,搅拌均匀调制成具有良好黏度和流动性的浆料。承印物即柔性电容器的电极,可以是透明、柔性的导电 ITO-PET 膜。ITO-PET 的厚度可根据具体要求进行调整(比如 ITO-PET 膜的厚度为 0.125 mm,ITO 导电层的方阻约为 $40\ \Omega \cdot sq^{-1}$)。PET 可以充当外包装,导电 ITO 层可起到集流体的作用。丝网印版包含有通孔和不通孔两个部分。通孔可以根据需要设计成不同的图案。印刷时,将配好的油墨倒在丝网版上,在刮板均匀的挤压作用下,使油墨通过通孔转移到柔性透明基板上,然后放入 90℃ 的烘箱中烘干 10 h 便可得到具有特定图案或者高透光性的电极。

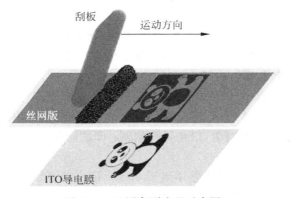

图 5-14 丝网印刷流程示意图

三、仪器与试剂

本实验所用仪器设备和化学试剂如表 5-9 所示。

表 5-9 仪器设备和化学试剂一览表

名称	数量
磁力搅拌器	1 台
搅拌籽	3 个
特制烧杯	1 个
烧杯(500 mL)	2 个
抽滤转置	1 套
玛瑙研钵	1 套
特制丝网印刷装置(含两套网版)	1 套
二氧化锰(自制)	适量
超级电容器用活性炭	适量
导电炭黑	适量
黏结剂 LA133	适量
去离子水	适量
电解质(自制)	适量
LED 灯珠(1.8 V)	1 个
极耳	1 对
电路板(自制)	1 个
电子封装材料(如 PET 胶带)	适量

四、实验步骤

1. 球形二氧化锰的制备

将 1.58 g 高锰酸钾溶于 100 mL 的去离子水中,配置成 0.1 mol·L^{-1} 的溶液 A。将 3.7 g 乙酸锰溶于 100 mL 的去离子水中,然后加入 10 mL 聚乙二醇,磁力搅拌 1 h,得溶液 B。然后将溶液 A 倒入溶液 B,室温下反应 4 h。接着使用抽滤瓶过滤所得样品,用去离子水和无水乙醇进行洗涤。最后经过干燥和研磨之后,即得棕黑色 MnO_2。

2. 油墨的制备

按照质量比 8∶1∶1 将 LA133、自制二氧化锰、导电炭黑的均匀混合物分散于去离子水中,以形成黏度适中、流动性良好的浆料。搅拌速度不宜过快,以免将粉末溅出。

3. 采用丝网印刷制作柔性电极

本实验采用 ITO-PET 为集流体和电极,将电活性材料丝网印刷在 ITO 一层。将清洁好的丝网版放在 ITO 集流体表面,然后在网版上放适量的浆料,用刮板进行电极印刷。注意,每印刷一次都需及时清洁网版,以免网孔堵塞;印刷时保证一次完成;揭开网版要小心不要污损 ITO。

将印刷好的电极放入 90 ℃ 的烘箱中烘干 10 h。取出后观察该电极的透光性。

4. 水系 $Ca(NO_3)_2$-SiO_2 凝胶电解质的制备

$Ca(NO_3)_2$ 水溶液的浓度为 2 mol·L^{-1}。按照质量比 20∶1∶10 将甲基纤维素

(methylcellulose)、聚乙烯醇(vinol)和聚丙烯酰胺(polyacrylamide)溶于去离子水中,然后加入适量 $Ca(NO_3)_2$ 形成凝胶化电解质。为了增加电解质的离子电导率,加入 6%(质量分数)的气相二氧化硅。

5. 固态柔性超级电容器的组装

在两个丝网印刷的电极中涂覆一层凝胶状电解质(不可有气泡),用电子封装材料封装即得柔性超级电容器。如果两个电极上的活性材料相同,则为对称性超级电容器;如果两个电极上的活性材料不同,则为非对称超级电容器。此外,如果两个电极的图案完全对称,则在印刷和装配的时候需要注意次序。观察该器件的透明程度。涂覆电解质时不要用力过猛,以免刮坏电极图案。

6. 性能测试

将非对称超级电容器的极耳接在电化学工作站或者电池测试系统上,进行充电。然后接上 LED 灯珠,进行性能测试。为了验证柔性超级电容器的柔性特色,折叠柔性器件观察 LED 灯珠的发光情况。

五、思考题

(1) 超级电容器与传统电容器、电池的区别是什么?

(2) 超级电容器柔性化有什么优势?

第 6 章

表面与胶体化学实验

实验 13　最大泡压法测定溶液的表面张力

一、实验目的

1. 测定不同浓度(c)乙醇水溶液的表面张力(γ),从 γ-c 曲线计算表面吸附量(absorbing capacity)和乙醇分子的横截面积(cross section area)S_0。
2. 了解表面张力的性质,表面自由能(surface free energy)的意义以及表面张力和吸附(adsorption)的关系。
3. 掌握用最大气泡压法测定表面张力的原理和技术。

二、实验原理

热力学观点认为,液体表面缩小是一个自发的过程,是使体系总的吉布斯自由能减小的过程。

(1) 物体表面的分子和内部的分子所处的环境不同,因而能量也不同。表面层的分子受到向内的拉力,所以液体表面都有自动缩小的趋势。如果要把一个分子由内部迁移到表面,则需要对抗拉力做功,故表面分子的能量比内部分子的大。增加体系的表面,即增加了体系的总能量。如欲使体系产生新的表面(ΔA),则需对其做功(W),功的大小与 ΔA 成正比。

$$-W = \sigma \Delta A \tag{6-1}$$

其中,σ 为液体的表面自由能,也称表面张力($J \cdot m^{-2}$),是等温下形成 1 cm^2 新表面所需的可逆功,是液体的重要特性之一,表示的是液体表面自动缩小的趋势大小,其量值与液体的成分、浓度、温度和表面气氛等因素有关。

(2) 纯物质表面层的组成与内部的组成相同,因此纯液体降低表面自由能的唯一途径是尽可能缩小其表面积。在温度恒定的情况下,纯液体的表面张力为定值。当加入溶质形成溶液时,溶液的表面张力自发地进行变化,其变化的程度与溶质的性质和溶质的量有关。因此,通过调节溶质在表面层的浓度就可以有效降低表面自由能。

引入溶质后,溶剂的表面张力可能升高,亦可能降低。根据能量最低原则,当表面层溶质的浓度大于溶液内部时,溶质能降低或者升高溶剂的表面张力;反之,溶质能提高或者降低溶剂的表面张力。这种表面浓度与溶液内部浓度不同的现象叫作溶液的表面吸附。显然,在指定的温度(T)和压力(p)下,溶质的吸附量(Γ)与溶液的表面张力(σ)以及溶液的浓度(c)有关。吉布斯(Gibbs)用热力学的方法推导了一定温度下,溶质吸附量、溶液浓度和表面张力之间的关系式

$$\Gamma = -\frac{c}{RT}\left(\frac{\mathrm{d}\sigma}{\mathrm{d}c}\right)_T \tag{6-2}$$

其中,Γ 代表溶质在单位面积表面层中的吸附量($\mathrm{mol \cdot m^{-2}}$);$\sigma$ 为溶液的表面张力($\mathrm{N \cdot m^{-1}}$);c 代表平衡时溶液浓度($\mathrm{mol \cdot m^{-3}}$);$R$ 为理想气体常数($8.314\ \mathrm{J \cdot mol^{-1} \cdot K^{-1}}$);$T$ 为吸附时的温度(K);$\frac{\mathrm{d}\sigma}{\mathrm{d}c}$ 为表面活度。

由式(6-2)可以看出,一定温度下,溶质表面的吸附量与平衡时溶液浓度 c、表面活度成正比例关系。

当 $\left(\frac{\partial \sigma}{\partial c}\right)_T < 0$ 时,$\Gamma > 0$,表示溶液的表面张力随溶质浓度的增加而降低。此时,溶液表面发生的是正吸附,溶液表面层的浓度大于溶液内部的浓度。这里的溶质称为表面活性物质。

当 $\left(\frac{\partial \sigma}{\partial c}\right)_T > 0$ 时,$\Gamma < 0$,表示溶液的表面张力随溶质浓度的增加而增加。此时,溶液表面发生的是负吸附,溶液表面层的浓度小于溶液内部的浓度。这里的溶质称为非表面活性物质。

通常情况下,表面活性剂是由亲水的极性部分和憎水的非极性部分构成的具有显著不对称结构的分子。对有机化合物而言,表面活性剂的极性部分一般为—NH^+、—OH、—SH、—COOH、—SO_4^{2-};而非极性部分则通常为 RCH_2—。乙醇就是这样的一种分子。水溶液中,溶液表面的表面活性分子,其极性部分朝向溶液内部,非极性部分朝向空气。它们在水溶液表面的排列情况因浓度的不同而异,分子在界面上的排列状态如图 6-1 所示。当溶液浓度较小时,表面活性分子近于平躺于表面上(图 6-1(a));随着浓度的增加,分子的极性基团取向溶液内部,而非极性基团基本上取向空间(图 6-1(b));当浓度增至一定程度后,溶质分子将趋于占据整个表面,从而形成饱和吸附层(图 6-1(c))。

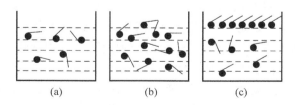

图 6-1　不同浓度下,表面活性物质分子在溶液表面的排列状态
(a) 浓度较小;(b) 浓度增加;(c) 浓度增至一定程度

以乙醇为例。乙醇水溶液的表面张力和浓度的关系如图 6-2 所示。在不同浓度 c 处,作 σ-c 曲线的切线;接着把所得切线的斜率,即 $\left(\frac{\mathrm{d}\sigma}{\mathrm{d}c}\right)_T$ 代入 Gibbs 吸附公式中,即可求出该

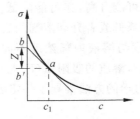

图 6-2　乙醇水溶液浓度与表面张力的影响

浓度下气液界面上的吸附量 Γ。

此外,利用作图法也可以计算出溶质的吸附量 Γ。过 a 点作 σ-c 曲线的切线,交 y 轴于 b,过 a 点作 x 轴的平行线交 y 轴于 b'。令 $Z=bb'$,故溶质的吸附量 Γ 为

$$\Gamma = -\frac{c}{RT}\left(\frac{d\sigma}{dc}\right)_T = \frac{Z}{RT} \tag{6-3}$$

一定温度下,吸附量 Γ 与溶液浓度 c 之间的关系可由 Langmuir 吸附等温方程式表示:

$$\Gamma = \Gamma_\infty \frac{Kc}{1+Kc} \tag{6-4}$$

$$\frac{c}{\Gamma} = \frac{c}{\Gamma_\infty} + \frac{1}{K\Gamma_\infty} \tag{6-5}$$

其中,Γ_∞ 为饱和吸附量;K 为经验常数,该数值与溶质的表面活性大小有关。

由式(6-5)可知,若以 $\frac{c}{\Gamma}$ 对 c 作图可得一斜线,由斜率即可求出 Γ_∞。

当溶液表面达到饱和吸附时,乙醇分子在气-液界面上铺满了一单分子层,则可由式(6-6)求得乙醇分子的横截面积 S_0。

$$S_0 = \frac{1}{\Gamma_\infty N} \tag{6-6}$$

其中,N 为阿伏伽德罗常数。

(3) 本实验采用气泡最大压力法测定各溶液(不同浓度)的表面张力,实验装置如图 6-3 所示。

实验仪器的工作原理为:当毛细管(capillary,半径为 r)的下端面与被测液体液面相切时,液体沿毛细管上升;打开抽气瓶(滴液漏斗)的活塞,使瓶中的水缓慢滴下,测定管中的压力差 Δp_{max} 逐渐减少。如此一来,毛细管内液面上受到的压力稍大于试管中液面上的压力,因此毛细管内的液面缓缓下降。在该压力差的作用下,毛细管液面上所产生的作用稍大于毛细管口溶液的表面张力时,气泡就会从毛细管口处逸出。气泡形成初始,其表面几乎是平的,此时曲率半径最大;随着气泡的逐渐变大,曲率半径逐渐变小,直到形成半球形,这时曲率半径 R 与毛细管半径 r 相等,曲率半径达最小值。

上述最大的压力差(Δp_{max})可由 U 形管压力计读出。

$$\Delta p_{max} = p_0 - p_r = \frac{2\sigma}{r} = K\sigma \tag{6-7}$$

$$\sigma = \frac{r}{2}\Delta p_{max} = K\Delta p_{max} \tag{6-8}$$

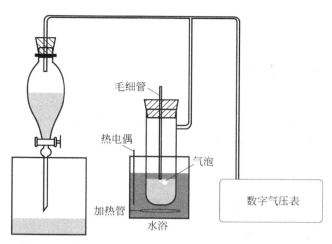

图 6-3 最大泡压法测定溶液表面张力的实验装置示意图

在实验中,因为使用同一支毛细管和压差计,所以 K 为一常数,该值称为仪器常数。

很明显,如果用已知表面张力的液体作标准,并由实验测得 $\Delta p_{\max}$ 值,就能求出 K 值。然后,根据测定的其他液体的 $\Delta p_{\max}$ 值,根据式(6-8)即可求得各种浓度液体的表面张力。

本实验采用已知表面张力的蒸馏水为标准,由实验测得 $\Delta p_{\max}$ 值,继而求出 K 值。

三、仪器与试剂

本实验所用仪器设备和化学试剂如表 6-1 所示。

表 6-1 仪器设备和化学试剂一览表

名称	数量
表面张力测定装置	1 套
精密数字压力计	1 个
量筒	1 个
烧杯(1000 mL)	1 个
小烧杯(100 mL)	1 个
无水乙醇	适量
去离子水	若干

四、实验步骤

(1) 开启精密数字压力计的电源开关,预热 5 min。减压瓶内注入水,开启减压瓶上方的旋塞使系统与大气相通,按 DP-A 精密数字压力计的"采零"键,使读数为零,然后再将减压瓶上方的旋塞关闭。

(2) 测定管中注入蒸馏水,使管内液面刚好与毛细管口相接触,慢慢打开滴液漏斗,尽可能使毛细管口处逸出一个一个的气泡,同时在压力计上读出毛细管口气泡逸出时瞬间的最大压力差。重复测量 3 遍,取平均值。

(3) 同步骤(1)、(2),测量 0.05、0.1、0.2、0.3、0.4、0.5、0.7(体积比 V/V)乙醇水溶液。

(4) 实验结束,彻底洗净测定管,注入蒸馏水到与毛细管相切的位置。关闭仪器的电源,整理实验台面。

五、数据记录与处理

(1) 列出原始数据记录。

(2) 使用 Origin 计算各溶液的表面张力 σ,绘制 σ-c 曲线。

(3) 在 σ-c 曲线上的 0.05、0.1、0.2、0.3、0.4、0.5 和 $0.7(V/V)$ 处分别作切线,并求出该浓度下的 $\left(\dfrac{\mathrm{d}\sigma}{\mathrm{d}c}\right)_T$。

(4) 用 $\dfrac{c}{\Gamma}$ 对 c 作图,应得一条直线,通过其直线的斜率求出 Γ_∞。

(5) 计算乙醇分子的横截面积 S_0。

六、注意事项

(1) 测量系统在使用前必须先进行检漏,务必保持测试系统具有良好的气密性。

(2) 抽气瓶放水的速率不能过快,抽气瓶中的蒸馏水小于一半时应将烧杯中的水注入抽气瓶中。

(3) 加入待测液时应从测定管的弯管口对侧加入,并且尽量不要使待测液进入到弯管里面。

(4) 测定管和毛细管在进行测量的时候应该垂直向下。

(5) 读取数据时,应该取单个气泡的最大压力差。

(6) 毛细管的状态需要稳定,不能被污染,必须干净、干燥。

七、思考题

(1) 为什么毛细管口不能插入液体内部,只能与液面相切?

(2) 用最大起泡法测定表面张力时为什么要读最大压力差?如果气泡逸出过快或几个气泡一起逸出,对实验结果会有什么影响?

(3) 滴液漏斗放水的速度过快对实验结果有没有影响?如果有,是什么样的影响?

八、其他拓展

(1) 不同温度下,水的表面张力,如表 6-2 和图 6-4 所示。

表 6-2 不同温度下水的表面张力

$t/\text{℃}$	$\sigma/(10^{-3}\text{N}\cdot\text{m}^{-1})$	$t/\text{℃}$	$\sigma/(10^{-3}\text{N}\cdot\text{m}^{-1})$	$t/\text{℃}$	$\sigma/(10^{-3}\text{N}\cdot\text{m}^{-1})$
0	75.64	15	73.49	22	72.44
5	74.92	16	73.34	23	72.28
10	74.22	17	73.19	24	72.13
11	74.07	18	73.05	25	71.97
12	73.93	19	72.90	26	71.82
13	73.78	20	72.75	27	71.66
14	73.64	21	72.59	28	71.50

续表

$t/℃$	$\sigma/(10^{-3}\text{N}\cdot\text{m}^{-1})$	$t/℃$	$\sigma/(10^{-3}\text{N}\cdot\text{m}^{-1})$	$t/℃$	$\sigma/(10^{-3}\text{N}\cdot\text{m}^{-1})$
29	71.35	50	67.91	100	58.85
30	71.18	60	66.18	110	56.89
35	70.38	70	64.42	120	54.89
40	69.56	80	62.61	130	52.84
45	68.74	90	60.75		

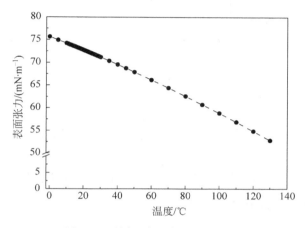

图 6-4 不同温度下水的表面张力

(2) 乙醇在 25℃ 和 30℃ 下的表面张力,如表 6-3 和图 6-5 所示。

表 6-3 乙醇水溶液(质量百分比)的表面张力(单位:$10^{-3}\text{ N}\cdot\text{m}^{-1}$)

w(乙醇)/%	σ(25℃)	w(乙醇)/%	σ(30℃)	w(乙醇)/%	σ(20℃)	σ(40℃)	σ(50℃)
0.00	72.20	0.000	71.23				
2.72	60.79	0.972	66.08				
5.21	54.87	2.143	61.65	5.00		54.92	53.35
11.10	46.03	4.994	54.15	10.00		48.25	46.77
20.50	37.53	10.39	45.88	24.00		35.50	34.32
30.47	32.25	17.98	38.54	34.00	33.24	31.58	30.70
40.00	29.63	25.00	34.08				
50.22	27.89	29.98	31.89	48.00	30.10	28.93	28.24
59.58	26.71	34.89	30.32	60.00	27.56	26.18	25.50
68.94	25.71	50.00	27.45				
77.98	24.73	60.04	26.24	72.00	26.28	24.91	24.12
87.92	23.64	71.85	25.05	80.00	24.91	23.43	21.38
92.10	23.18	75.06	24.68				
97.00	22.49	84.57	23.61	96.00	23.04	21.38	20.40
100	22.03	95.57	22.09				
		100.00	21.41				

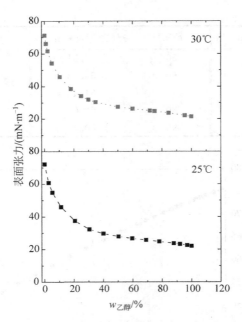

图 6-5 在 25℃ 和 30℃ 下,乙醇水溶液的表面张力

(3) 最大泡压法的校正因子。采用最大泡压法测定表面张力时,可以通过式(6-9)进行计算。

$$\sigma = a^2 g \rho / 2 \quad (6-9)$$

其中,a 为毛细管常数;g 为重力加速度;ρ 为液相与固相的密度差。

毛细管常数可以通过式(6-10)计算得到。

$$a^2 = hb \quad (6-10)$$

其中,h 为压力计压差;b 为气泡底部的全曲率半径。

假定 $b = r$(毛细管半径),由式(6-10)可得 a_1 值,然后根据 r/a_1 的值反查 r/b_1,得到 b_1 的值,最后代入式(6-10)算出 b_2,以此类推。根据精度要求得到 a_n,进一步计算出表面张力 σ。

r/a 和 r/b 的反查表如表 6-4 所示。

表 6-4 r/a 和 r/b 的反查表

r/a	0.00	0.02	0.04	0.06	0.08
0.0	1.0000	0.9997	0.9990	0.9977	0.9958
0.1	0.9934	0.9905	0.9870	0.9831	0.9786
0.2	0.9737	0.9682	0.9623	0.9560	0.9492
0.3	0.9413	0.9344	0.9265	0.9182	0.9093
0.4	0.9000	0.8903	0.8802	0.8698	0.8592
0.5	0.8484	0.8374	0.8263	0.8151	0.8037
0.6	0.7920	0.7800	0.7678	0.7554	0.7432
0.8	0.6718	0.6603	0.6492	0.6385	0.6281
1.0	0.5703	0.5616	0.5531	0.5448	0.5368

续表

r/a	0.00	0.02	0.04	0.06	0.08
1.2	0.4928	0.4862	0.4797	0.4733	0.4571
1.4	0.4333	0.4281	0.4231	0.4181	0.4133

(4) 不同温度下乙醇的密度,如表 6-5 所示。

表 6-5　不同温度下乙醇的密度

温度/℃	密度/(g·cm^{-3})	温度/℃	密度/(g·cm^{-3})	温度/℃	密度/(g·cm^{-3})	温度/℃	密度/(g·cm^{-3})
0	0.806 25	1	0.805 41	2	0.804 57	3	0.803 74
4	0.802 90	5	0.802 07	6	0.801 23	7	0.800 39
8	0.798 56	9	0.798 72	10	0.797 88	11	0.797 04
12	0.796 20	13	0.795 35	14	0.794 51	15	0.793 67
16	0.792 83	17	0.791 98	18	0.791 14	19	0.790 29
20	0.789 45	21	0.788 60	22	0.787 75	23	0.786 91
24	0.786 06	25	0.785 22	26	0.784 37	27	0.783 52
28	0.782 67	29	0.781 82	30	0.780 97	31	0.790 12
32	0.779 27	33	0.778 41	34	0.777 56	35	0.776 71
36	0.775 85	37	0.775 00	38	0.774 14	39	0.773 29

(5) 不同温度下水的密度,如表 6-6 所示。

表 6-6　不同温度下水的密度

温度/℃	密度/(g·cm^{-3})	温度/℃	密度/(g·cm^{-3})	温度/℃	密度/(g·cm^{-3})	温度/℃	密度/(g·cm^{-3})
0		1	0.999 902	2	0.999 943	3	0.999 967
4	0.999 975	5	0.999 965	6	0.999 943	7	0.999 900
8	0.999 851	9	0.999 783	10	0.999 702	11	0.999 607
12	0.999 500	13	0.999 392	14	0.999 246	15	0.999 102
16	0.998 945	17	0.998 777	18	0.998 598	19	0.998 407
20	0.998 206	21	0.997 995	22	0.997 773	23	0.997 541
24	0.997 299	25	0.997 048	26	0.996 787	27	0.996 517
28	0.996 237	29	0.995 949	30	0.995 651	31	0.995 345
32	0.995 030	33	0.994 707	34	0.994 376	35	0.994 036
36	0.993 688	37	0.993 333	38	0.992 970	39	0.992 599

实验中还应注意以下几点:

(1) 液体应该采用量筒或者移液管进行量取。值得注意的是,量取应该一次完成否则容易导致仪器误差和随机误差的叠加,进而导致数据的不准确。

(2) 量筒规格选择的一般性规则:采用量筒量取液体时,务必保证液体的最小体积为最大体积的 1/10。

(3) 单位换算:

从理论上来说,配置浓度一定的溶液时,需要使用容量瓶进行定容。但是在本次实验中,为了便于液体的量取和简化实验流程,特采用体积比进行溶液的配制。

由式(6-2)可知，

$$\frac{\frac{mol}{m^3}}{\frac{J}{mol \cdot K}K}\frac{\frac{J}{m^2}}{\frac{mol}{m^3}} \Rightarrow \frac{mol}{m^2}$$

如果按照体积来计算，

V_1：乙醇的体积； M_1：乙醇的相对分子质量；ρ_1：乙醇的密度；m_1：乙醇的质量

V_2：水的体积； M_2：水的相对分子质量； ρ_2：水的密度； m_2：水的质量

以体积比 V 来替代 c，则

$\frac{d\sigma}{dc}$ 变为 $\frac{d\sigma}{dV}$，单位变为 $\frac{\frac{J}{m^2}}{1} \Rightarrow \frac{J}{m^2}$

$$\Gamma = -\frac{c}{RT}\left(\frac{d\sigma}{dc}\right)_T = -\frac{\frac{n_1}{V_t}}{RT}\left(\frac{d\sigma}{d\frac{n_1}{V_t}}\right)_T = -\frac{m_1}{M_1RTV_t}\left(\frac{d\sigma}{d\frac{m_1}{V_tM_1}}\right)_T$$

$$\Gamma = -\frac{\rho_1 V_1}{M_1 RT V_t}\left(\frac{d\sigma}{d\frac{\rho_1 V_1}{V_t M_1}}\right)_T$$

假定：液体互溶后，没有体积变化，即 $V_t = V_1 + V_2$，则

$$V = \frac{V_1}{V_1 + V_2} = \frac{\frac{m_1}{\rho_1}}{\frac{m_1}{\rho_1} + \frac{m_2}{\rho_2}}$$

$$\Gamma = -\frac{\rho_1 V}{M_1 RT}\left(\frac{d\sigma}{d\frac{\rho_1 V}{M_1}}\right)_T$$

$$\Gamma = -\frac{V}{RT}\left(\frac{d\sigma}{dV}\right)_T$$

此时，该方程单位为：

$$\frac{1}{\frac{J}{mol \cdot K}K}\frac{\frac{J}{m^2}}{1} \Rightarrow \frac{mol}{m^2}$$

质量百分比(m)与体积比(V)之间的换算：

$$m = \frac{m_1}{m_1 + m_2}$$

$$m = \frac{\rho_1 V_1}{\rho_1 V_1 + \rho_2 V_2}$$

$$m = \frac{\rho_1 VV_t}{\rho_1 VV_t + \rho_2(V_t - VV_t)}$$

$$m = \frac{\rho_1 V}{\rho_1 V + \rho_2(1 - V)}$$

实验14　电导法测定水溶性表面活性剂的临界胶束浓度

一、实验目的

1. 了解表面活性剂的特性及胶束形成的原理。
2. 了解电导法确定临界胶束浓度的原理。
3. 掌握电导法测定表面活性剂临界胶束浓度(CMC)的方法。
4. 测定十二烷基硫酸钠(sodium dodecyl sulfate)溶液的临界胶束浓度。

二、实验原理

表面活性剂的物理化学性质(表面吸附和胶束形成)以及渗透、润湿、乳化、去污、分散、增溶、起泡等作用，使其能够被广泛应用于石油、煤炭、机械、冶金材料及轻工业和农业生产中。作为表面活性剂表面活性的一种量度，系统研究表面活性剂的临界胶束浓度意义非凡。

表面活性剂分子(surfactant molecules)系指能使溶液体系界面状态、液体表面张力发生明显变化的物质，由具有亲水性/疏油性的(hydrophilia/oleophobic)离子化(ionized)极性基团(polar group)和具有憎水性/亲油性的(hydrophobic/oleophilic)长链(long-chain)有机非极性基团(nonpolar group)所组成，具有两性(amphiphilic)的有机化合物。根据表面活性剂亲水基团一端的离子类型，可以分为阳离子(cationic)表面活性剂、阴离子(anionic)表面活性剂和非离子(non-ionic)表面活性剂等。

当表面活性剂以较低浓度存在于某一体系(如油包水体系，W/O system)中时(图6-6(b))，由相似相溶原理可知，表面活性剂的非极性基团部分朝向油相，其极性基团部分朝向水相或者空气，并以一定的方式吸附在界面，从而使溶液的表面自由能发生明显的降低(如加入表面活性后，浮在水面上的针会下沉)。随着表面活性剂含量的增加，表面活性剂离子或分子不但在液体表面(气液界面)聚集形成单分子膜，而且基于空间位阻效应，在溶液本体内表面活性剂分子或者离子的亲水基团相互靠拢形成胶束，以减小亲水基团和油相的接触面积，如图6-6(c)~(e)所示。因此，表面活性剂可以以胶束的形式稳定地存在于水溶液中。随着表面活性剂含量的增加，其胶束的形态可以有球形，逐渐演变为棒状，甚至是层状结构。根据这些胶束形态的不同，可以以此为微反应器合成各种微观形貌(micro-morphology)的纳米(nano-scale)材料(如球形(spherical)、管(tube)、棒/纤维(rod/fiber)、片(flake/ribbon)等)。另一方面，在水包油体系(O/W system)中，也能观察到类似的情形。由此便衍生出了合成纳米材料的微乳液法(micro-emulsion method)或反胶束法。

表面活性剂物质在水中形成胶束所需的最低浓度即为临界胶束浓度，用CMC表示。在CMC点附近，溶液的结构发生了突变。在浓度与物理及化学性质(如表面张力、电导、摩尔电导、渗透压、光学性质等)的关系曲线上可以观察到明显的拐点，如图6-7所示。这一现象是表面活性剂的一个重要特征，正好可以利用其来准确确定CMC。

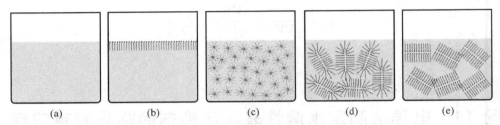

图 6-6 水包油体系（O/W）中表面活性剂含量与胶束形态的关系
（a）水溶液；（b）表面活性剂的含量低于CMC

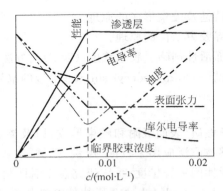

图 6-7 十二烷基硫酸钠水溶液浓度对其物理性质的影响

实际上，测定表面活性剂临界胶束浓度的方法有很多，如表面张力法、电导法、比色法（染料吸附）、浊度（增容）法、紫外可见光谱法（UV-visible spectrum）等。本实验采用的是通过电导率的变化来测定表面活性剂的 CMC 值。在不同浓度下，测量离子型表面活性剂水溶液的电导率（κ），作 κ-c 或 Λ_m-$c^{1/2}$ 关系曲线，通过外推法确定曲线的转折点，从而求得CMC 值。

采用电导法来测定离子型表面活性剂的 CMC 是相当方便的。对于表面活性剂的水溶液中而言，离子电导率的大小主要取决于游离的长链烷基和相应的反离子的浓度。当表面活性剂的浓度等于或高于 CMC 时，表面活性剂缔合形成胶束，胶束的电荷被固定在胶束表面反离子部分中和，因此对溶液离子电导率的影响极为微小。另外，从离子贡献大小来考虑，反离子大于表面活性剂离子。

对电解质溶液而言，其导电能力可用电导 G 来衡量。

$$G = \kappa \frac{A}{L} \tag{6-11}$$

其中，κ 是电导率（$S \cdot m^{-1}$）；$\frac{A}{L}$ 是电导池常数（m^{-1}）。

恒温下，强电解质的稀溶液，其电导率 κ 与摩尔电导率 Λ_m 有关，可以表示为式（6-12）

$$\Lambda_m = \frac{\kappa}{c} \tag{6-12}$$

其中，Λ_m 的单位为 $S \cdot m^2 \cdot mol^{-1}$；$c$ 的单位为 $mol \cdot m^{-3}$。

恒温下，当强电解质的溶液非常稀时，该溶液的摩尔电导率 Λ_m 与溶液浓度的平方根

$\sqrt{c}$ 呈线性关系,可以表示为式(6-13)。

$$\Lambda_m = \Lambda_m^\infty (1 - \beta \sqrt{c}) \tag{6-13}$$

对于胶体电解质,稀溶液时的电导率、摩尔电导率的变化规律与强电解质的一样。但是随着表面活性剂浓度的增加,胶束的形成,电导率和摩尔电导将发生明显的改变。

三、仪器与试剂

本实验所用仪器设备和化学试剂如表 6-7 所示。

表 6-7　仪器设备和化学试剂一览表

名称	数量
电导率仪	1 台
铂黑电极	1 根
容量瓶(1000 mL)	1 个
容量瓶(100 mL)	12 个
试管	14 支
移液管(5 mL)	若干
移液管(10 mL)	若干
十二烷基硫酸钠(化学纯)	若干
氯化钾(化学纯)	若干
二次蒸馏水	若干

四、实验步骤

电导率测定水溶性表面活性剂临界胶束浓度的实验装置如图 6-8 所示。

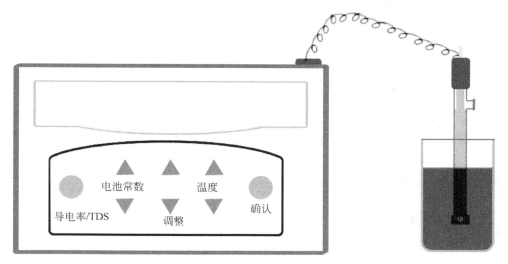

图 6-8　电导法测定水溶性表面活性剂临界胶束浓度的试验装置示意图

(1) 使用二次蒸馏水准确配制 0.01 mol·L^{-1} 的 KCl 标准溶液(用容量瓶定容)备用。

(2) 在 80 ℃下,将十二烷基硫酸钠干燥 3 h;然后用二次蒸馏水准确配制 1000 mL

0.020 mol·L^{-1} 的十二烷基硫酸钠的水溶液;分别量取 10、20、30、35、40、45、50、60、70、80、90、100 mL 溶液后稀释至 100 mL。需要容量瓶来定容。

(3) 用 0.01 mol·L^{-1} 的 KCl 标准溶液标定电导池常数。

(a) 开通电导率仪和恒温槽后预热 30 min。

(b) 调节恒温槽的温度至 25℃。

(c) 待电导池和电极洗净后,用饱和 KCl 溶液润洗 3 遍以上。电导池中注入适量饱和 KCl 溶液,插入电极,接入电导率仪。

(d) 按"▲"或者"▼"将温度调至待测溶液的实际温度,此时所测得的电导率值即为温度补偿后折算为 25℃ 时的值。

(e) 按"▲"或者"▼"调节"电极常数"或者"常数调节"。使仪器的显示值与电极上所标明的点击常数一致。

按"confirm"键是显示值与标准值一致,则该电极常数即为电导电极常数值。

(4) 按照由稀到浓的次序,用电导率仪依次测定上述溶液的电导率值。测试完毕后,用二次蒸馏水将电导池和电极冲洗干净,再用待测溶液荡洗电导池及电极 3 次以上。每个浓度的溶液的电导率需要测量 3 次,计算平均值,并换算成摩尔电导率。

(5) 实验结束后用二次蒸馏水洗净电导池和电极,并测量所用二次蒸馏水的电导率。

五、数据记录与处理

(1) 列举实验的原始记录(表 6-8)。

表 6-8 表面活性剂浓度对其电导率的影响

实验序号	c/(mol·L^{-1})	$\sqrt{c}$/(mol$^{1/2}$·L$^{-1/2}$)	κ_1/(S·m^{-1})	κ_2/(S·m^{-1})	κ_3/(S·m^{-1})	$\bar{\kappa}$/(S·m^{-1})	Λ_m/(S·m^2·mol^{-1})

(2) 做 κ-c 关系图,使用外推法求得曲线中的转折点,确定临界胶束浓度 CMC,计算相对误差。

(3) 做 Λ_m-$\sqrt{c}$ 的关系图,求解 CMC。

六、注意事项

(1) 配置溶液时表面活性剂一定要完全溶解,溶解过程需要缓慢搅拌,以避免产生过多气泡影响后续定容。

(2) 电导电极在淋洗后可用滤纸吸干(不可擦拭,切勿碰触铂黑),一定要用待测溶液润洗 3 遍以上,以保证溶液浓度的准确。

(3) 电极浸入待测溶液时,需保证电极铂黑必须完全浸没待测溶液,并轻轻摇动待测溶液或者搅动电极,静置 2~3 min 后再进行测量。

七、思考题

(1) 简述电导法测定临界胶束浓度的原理。
(2) 实验中影响临界胶束浓度测定的因素有哪些?
(3) 如果表面活性剂是非离子型的,是否可以采用本实验中所介绍的电导法来进行临界胶束浓度的测量?
(4) 为什么要采用二次蒸馏水?

八、其他拓展

25 ℃时十二烷基硫酸钠(SDS)的 CMC 约为 8.2×10^{-3} mol·L^{-1};40 ℃时十二烷基硫酸钠(SDS)的 CMC 约为 8.7×10^{-3} mol·L^{-1}。

不同温度下,KCl 标准溶液的电导率如表 6-9 所示。

表 6-9　不同温度下 KCl 标准溶液的电导率[①]

t/℃	κ/(S·cm^{-1})				
	1.000/ (mol·L^{-1})	0.1000/ (mol·L^{-1})	0.0300/ (mol·L^{-1})	0.0200/ (mol·L^{-1})	0.0100/ (mol·L^{-1})
0	0.065 41	0.007 15	0.007 15	0.001 521	0.000 776
5	0.074 14	0.008 22	0.008 22	0.001 752	0.000 896
10	0.083 49	0.009 33	0.009 33	0.001 994	0.001 020
15	0.092 52	0.010 48	0.010 48	0.002 243	0.001 147
16	0.094 41	0.010 72	0.010 72	0.002 294	0.001 173
17	0.096 31	0.010 95	0.010 95	0.002 345	0.001 199
18	0.098 22	0.011 19	0.011 19	0.002 397	0.001 225
19	0.100 14	0.011 43	0.011 43	0.002 449	0.001 251
20	0.102 07	0.011 67	0.011 67	0.002 501	0.001 278
21	0.104 00	0.011 91	0.011 91	0.002 553	0.001 305
22	0.105 94	0.012 15	0.012 15	0.002 606	0.001 332
23	0.107 89	0.012 39	0.012 39	0.002 659	0.001 359
24	0.109 84	0.012 64	0.012 64	0.002 712	0.001 386
25	0.111 80	0.012 88	0.012 88	0.002 765	0.001 413
26	0.113 77	0.013 13	0.013 13	0.002 819	0.001 441
27	0.115 74	0.013 13	0.013 37	0.002 873	0.001 468
28	—	0.013 37	0.013 62	0.002 927	0.001 496
29	—	0.013 62	0.013 87	0.002 981	0.001 524
30	—	0.014 12	0.014 12	0.003 036	0.001 552
35	—	0.015 39	0.015 39	0.003 312	—
36	—	0.015 64	0.015 64	0.003 368	—

① 在空气中称取 74.56 g KCl,溶于 18 ℃水中,稀释至 1 L,其浓度为 1.000 mol·L^{-1}(密度 1.044 9 g·mL^{-1}),再稀释得其他浓度溶液。

第 7 章

化学动力学实验

实验 15 旋光法测定蔗糖转化反应的速率常数

一、实验目的

1. 用旋光法测定蔗糖转化反应的速率常数、半衰期(half-life)及反应的活化能(activation energy)。
2. 了解该反应的反应物浓度(the reactant concentration)与旋光度(optical rotation)之间的关系。
3. 了解旋光仪(polarimeter)的基本原理,掌握旋光仪的正确使用方法。

二、实验原理

蔗糖是从甘蔗内提取出来的一种纯有机化合物,在水中水解可以得到葡萄糖(glucose)和果糖(fructose),但是该反应进行得非常缓慢,只有在酸的催化下才能快速进行。蔗糖水解涉及的反应方程式可以表示为

$$C_{12}H_{22}O_{11}(\text{sucrose}) + H_2O \xrightarrow{H^+} C_6H_{12}O_6(\text{glucose}) + C_6H_{12}O_6(\text{frutose})$$

蔗糖的水解反应属于三级反应,其化学反应速率方程可以表示为式(7-1):

$$-\frac{dc_t}{dt} = k' c_{C_{12}H_{22}O_{11}} c_{H_2O} c_{H^+} \tag{7-1}$$

其中,c_t 为反应时刻 t 时蔗糖的浓度;k' 为蔗糖分解反应的反应速率常数;$c_{C_{12}H_{22}O_{11}}$、c_{H_2O}、c_{H^+} 分别为化学平衡时蔗糖、水和氢离子的浓度。

在蔗糖进行分解反应的过程中,反应物之一的水是大量存在的,因此可以认为水的浓度变化不大;此外,催化剂酸所解离出的 H^+ 只起催化作用,故根据催化原理可知其浓度也可以被认为是不变的。基于上述原因,为了简化测试和计算,可将水和 H^+ 的浓度项 c_{H^+} 直接并入化学反应速率常数中,故式(7-1)可以改写为式(7-2):

$$-\frac{dc_t}{dt} = k c_{C_{12}H_{22}O_{11}} \tag{7-2}$$

$$k = k' c_{H_2O} c_{H^+}$$

由式(7-2)可以看出,原来的三级反应被简化为了准一级反应。

因此,葡萄糖的浓度 c_t 随时间 t 变化的函数可以表示为式(7-3):

$$\ln c_t = -kt + \ln c_0 \tag{7-3}$$

其中,c_0 为反应初始时蔗糖的浓度。

由式(7-3)不难看出,蔗糖浓度的对数与时间呈正比例函数,表现为一条斜率为负的直线。根据此斜率值即可求得该分解反应的分解反应速率常数。

该分解反应的半衰期 $\left(c_t = \frac{1}{2}c_0, t = t_{\frac{1}{2}}\right)$ 可以表示为式(7-4):

$$t_{\frac{1}{2}} = \frac{\ln 2}{k} = \frac{0.693}{k} \tag{7-4}$$

因此,在求得分解反应速率常数的基础上,即可求得其半衰期。然而反应是不断进行着的,因此要快速分析出反应物的浓度是比较困难的。但是,我们可以利用待测样品的物理化学特性,采用相应的物理化学测定方法(比如旋光度、折射率、电导率等)或现代谱仪(如红外光谱、紫外可见光谱、电子自旋谐振、核磁共振等)来测量与浓度有定量关系的物理、化学参数,从而间接地求得其浓度变化。针对蔗糖的分解反应,可以用于判断反应程度物理性质的参数必须满足以下两个要求:

(1) 与反应物相比,产物的待测物理性质或者参数要有明显的差别。

(2) 随着反应物或者产物浓度的变化,待测物理性质或者参数应该以某种简单的方式进行相应的响应。最普遍、最具实验价值的关系是待测物理性质或者参数与反应物的浓度呈线性关系,并且具有可加和性。

本实验中,反应物(蔗糖)和生成物(葡萄糖和果糖)均具有光学活性,有旋光性,并且其旋光能力具有明显的差别(已知蔗糖的旋光度为 66.6°,葡萄糖的旋光度为 52.5°,果糖的旋光度为 $-91°$)。此外,旋光度与浓度之间为简单的线性关系,因此可以借助旋光度的变化来度量该分解反应的进程或者反应快慢。

旋光性指的是当一束平面偏振光通过待测样品时使光的方向或者大小发生变化的性质。偏振光方向角度的变化称为旋光度。测量旋光度的仪器称为旋光仪。通常情况下,能使偏振光按顺时针方向旋转的物质称为右旋物质,α 为正值,反之称为左旋物质,α 为负值。

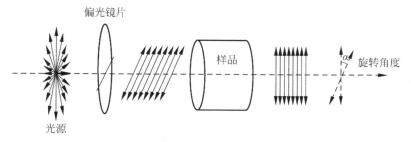

图 7-1 旋光物质旋光原理示意图

旋光度(α)是一个相对量,其大小除了取决于被测分子的立体结构特征,还与溶液中所含旋光物质的旋光能力、溶剂的性质、溶液的浓度、样品管的长度、光的波长以及温度等有关。由于涉及物质分子不同构型间的平衡、溶剂-溶质间的相互作用等内在原因,旋光度对温度非常灵敏,并且具有负的温度系数。在其他条件不变的情况下时,旋光度 α 与反应物浓度成正比,可以表示为式(7-5):

$$\alpha = \beta c \tag{7-5}$$

其中,β 为比例常数,与物质旋光能力、溶剂性质、样品管长度、温度等有关。

旋光物质的旋光能力可用比旋光度(specific rotation)来量度,如式(7-6)所示。

$$[\alpha]_D^{20} = \frac{\alpha}{L \cdot c} \tag{7-6}$$

其中,20 表示实验温度为 20℃;D 表示采用的光源为钠光源 D 线,波长为 589 nm;α 为测得的旋光度(°);L 为样品管的长度(dm);c 为样品的浓度(g/100 mL)。

当温度 T、光源波长及溶剂一定时,各种物质的 $[\alpha]_D^T$ 即为一个定值,如以水为溶剂时,蔗糖和葡萄糖均为右旋物质,其 $[\alpha]_D^{20}$ 分别为 +66.6°和+52.5°,而果糖为左旋物质,其 $[\alpha]_D^{20}$ 为 -91.9°。反应开始时,系统的旋光度(蔗糖的旋光度)α_0 为正值。但是随着反应的进行,溶液中葡萄糖和果糖含量逐渐增多。由化学反应方程式可知,葡萄糖和果糖的浓度相等,但是鉴于果糖的左旋光性比葡萄糖的右旋光性大,因此系统的旋光度 α_t 将不断变小,将由正值逐渐变为负值,即系统旋光性由右旋逐渐变为左旋。当蔗糖被完全分解时,其对应的左旋角达到最大值 α_∞。

$t = 0$ 时, $\qquad\qquad\qquad \alpha_0 = \beta_{\text{reactant}} c_0 \tag{7-7}$

t 时刻时, $\qquad\qquad\qquad \alpha_t = \beta_{\text{reactant}} c + \beta_{\text{product}}(c_0 - c) \tag{7-8}$

$t = \infty$ 时, $\qquad\qquad\qquad \alpha_\infty = \beta_{\text{product}} c_0 \tag{7-9}$

联立式(7-7)~式(7-9)可得式(7-10)和式(7-11):

$$c_0 = \frac{\alpha_0 - \alpha_\infty}{\beta_{\text{reactant}} - \beta_{\text{product}}} \tag{7-10}$$

$$c_t = \frac{\alpha_t - \alpha_\infty}{\beta_{\text{reactant}} - \beta_{\text{product}}} \tag{7-11}$$

将式(7-10)和式(7-11)代入式(7-3)可得

$$\ln(\alpha_t - \alpha_\infty) = -kt + \ln(\alpha_0 - \alpha_\infty) \tag{7-12}$$

由式(7-12)可知,随着反应的进行,即时间 t 的延长,$\ln(\alpha_t - \alpha_\infty)$ 呈线性变化,表现在图中是一条斜线。由直线的斜率即可求得反应的速率常数 k。

如果能够测出不同温度时的反应速率系数 k 值,代入阿仑尼乌斯(Arrhenius)公式可进一步地求出该反应温度范围内的活化能 E_a。

$$\ln \frac{k_2}{k_1} = \frac{E_a}{R}\left(\frac{1}{T_1} - \frac{1}{T_2}\right) \tag{7-13}$$

三、仪器与试剂

本实验所用仪器设备和化学试剂如表 7-1 所示。

表 7-1 仪器设备和化学试剂一览表

名称	数量
旋光仪	1 台
恒温槽	1 台

续表

名称	数量
容量瓶(50 mL)	1 个
移液管(25 mL)	1 支
锥形瓶(50 mL)	2 个
锥形瓶(150 mL)	2 个
葡萄糖(分析纯)	若干
蔗糖($200 \text{ g} \cdot \text{L}^{-1}$)	50 mL
盐酸($3 \text{ mol} \cdot \text{L}^{-1}$)	50 mL

四、实验步骤

(1) 旋光仪的校正。本实验所用到的旋光仪如图 7-2 所示。

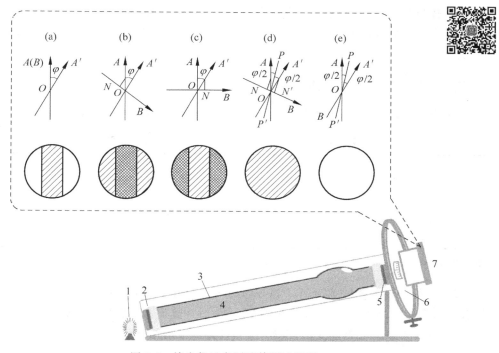

图 7-2 旋光仪示意图及其测试原理

1—光源；2—会聚透镜(convergent len)、滤光片(light filter)、起偏镜、石英片；3—测试管；
4—待测样品(sample to be tested)；5—检偏器、望远镜物镜(telescope objective)；
6—刻度盘(dial)；7—望远镜目镜(telescope syspiece)
注：φ 为石英片(quartz)产生的角度偏差，亦称为半暗角(semidarkness angle)。

蒸馏水(distilled water)为非旋光物质,故可被用来校正旋光仪的零点(即 $\alpha=0$ 时仪器对应的刻度)。校正时,开启旋光仪电源。按下"光源"和"测量"。预热 10 min 后,将旋光管(也叫测试管 3)一端的盖子旋开,用蒸馏水洗净并注满,使液体在管口形成一凸液面,然后将玻璃片轻轻推放盖好,此时测试管的光路内不应有气泡存在(气泡可以出现在测试管的突出部分,以不阻挡光路为准),旋紧套盖。把旋光管外壳及两端玻璃片的水渍擦净,放入旋光仪中。打开光源,调节目镜聚焦,使视野清晰,再调节检偏镜至三分视场亮度一致(图 7-2(d)),记下旋光度。重复测量多次,其平均值即为该仪器的零点,并可用此来校正仪器的系统误差。检查旋光度是否为零,如果不为零,则可借助旋转刻度盘 6 上旋钮进行调整。

(2) 测定蔗糖水解过程中的旋光度。将恒温水浴槽调节到所需的反应温度(如 35℃)。量取 200 g·L^{-1} 的蔗糖和 3 mol·L^{-1} 盐酸溶液各 50 mL 至干净、干燥的锥形瓶。将这两个锥形瓶一起置于恒温水浴内恒温 10 min 以上,然后将锥形瓶取出,盐酸倒入蔗糖中,摇匀,然后迅速用此溶液洗涮样品管 3 次,再装满样品管,放入旋光仪中,开始计时。计时至 2 min 时,记录旋光度。如此,每隔 2 min 测量一次,一直测量到旋光度为负值,且旋光度变化很小时为止。

(3) 反应进行时,将剩余的反应混合液,置于 55℃ 的水浴内恒温 40 min,使其加速反应至完全,取出冷却至室温。倒去样品管中的溶液,用加热过的溶液洗涮样品管 3 次,再装满样品管,测其旋光值,共测 5 次,求平均值,即为 α_∞ 值。

(4) 按步骤(2)、(3)测量其他温度下不同反应时间所对应的旋光度。

(5) 实验结束,洗净量筒和锥形瓶,放入烘箱中干燥。严格洗净样品管,注入蒸馏水,放入旋光仪。

五、数据记录与处理

(1) 将反应过程中,时间 t 与旋光度 α_t 的变化记录于表 7-2 中,计算 $\ln(\alpha_t - \alpha_\infty)$。

表 7-2　随时间 t 变化,α_t、α_∞ 和 $\ln(\alpha_t - \alpha_\infty)$ 的数值

t/min	2	4	…	28	30	∞
α_t						
α_∞						
$\alpha_t - \alpha_\infty$						
$\ln(\alpha_t - \alpha_\infty)$						

实验室温度:　　　　　　　　　压强:

(2) 采用 Origin 软件画出 α_t-t 和 $\ln(\alpha_t - \alpha_\infty)$-$t$ 的关系图,采用最小二乘法拟合所得数据,求解该直线的斜率,进而获得速率常数 k,最后计算出蔗糖转化反应的半衰期 $t_{1/2}$。

(3) 根据实验测得的 $k(T_1)$ 和 $k(T_2)$,计算反应的活化能。

六、注意事项

(1) 接通电源 10 min 以后出现黄光后方可使用。

(2) 测试管的两端螺旋只要保证不漏液即可,不必旋得过紧。过紧易导致石英片损毁或者产生应力造成视场亮度发生偏差(假旋光)。

(3) 旋光度随时间不断变化,因此读取数值时要在瞬间完成,否则数据因不断变化而无法读取。

(4) 装液时应尽可能装满,如果有气泡务必使其停留在样品管的突起部分,以不阻挡光路为准。

(5) 注意样品管的方向,有凸起的一段在上。

(6) 测量 α_∞ 时,加热温度不可超过 60℃,否则会发生副反应(溶液变黄);同时加热过程要防止溶剂挥发,以免影响浓度。

(7) 酸会腐蚀旋光仪的金属部件,故操作时务必小心,避免酸液与这些部件的接触。实验完毕后务必将样品管的旋盖清洁干净,以免螺纹被腐蚀。

(8) 镜头不可用不洁或者硬质布、纸去擦,而用滤纸将水吸干后使用擦镜纸进行清洁。

七、思考题

(1) 为什么用蒸馏水来校正旋光仪的零点？在蔗糖转化反应中,所测得旋光度是否需要零点校正？

(2) 蔗糖溶液为什么可以粗略配置？对测量结果是否有影响？

(3) 实验中混合蔗糖溶液和盐酸溶液时,是将盐酸溶液加入蔗糖溶液中,能否将蔗糖溶液加入盐酸溶液中？

(4) 试分析实验误差,怎样减少实验误差？

八、其他拓展

旋光仪的测试原理如图 7-3 所示。一般光源辐射的光通过起偏器(方解石组装的尼科耳棱镜)后,就能够产生一束单一的偏振光。为了验证或者测量这束偏振光的方向,可以引入一个检偏器(亦是一个尼克尔棱镜)。当起偏器出射的偏振光其方向与检偏器的光轴方向不一致时,由于出射光线不能通过检偏器,故显示为黑色(图 7-3(a))。当起偏器出射的偏振光其方向与检偏器的光轴方向一致时,出射光线可以通过检偏器,故显示为亮色(图 7-3(b))。

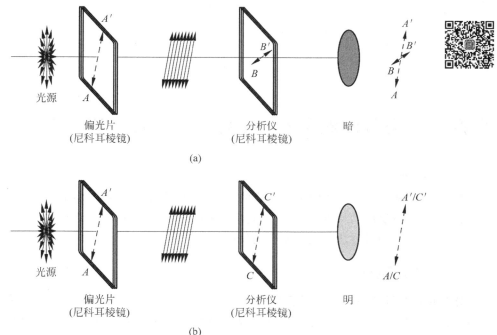

图 7-3　旋光仪测试原理

(a) 起偏器的偏振轴方向(AA')与检偏器的光轴方向(BB')不一致；

(b) 起偏器的偏振轴方向(AA')与检偏器的光轴方向(CC')一致

当实验中所用的蔗糖溶液其初始浓度为20%时,在不同的温度下,盐酸浓度对蔗糖转化速率系数的影响如表7-3所示,其活化能大约为108 kJ·mol^{-1}。

表7-3 不同温度下,盐酸浓度对蔗糖转化速率系数的影响

c_{HCl}/(mol·L^{-1})	$k \times 10^3$/min^{-1}		
	298.2 K(25℃)	308.2 K(35℃)	318.2 K(45℃)
0.2512	2.255	9.355	35.86
0.4137	4.043	17.00	60.62
0.9000	11.16	46.76	148.8
1.214	17.46	75.97	—

图7-4 为实验示例图。

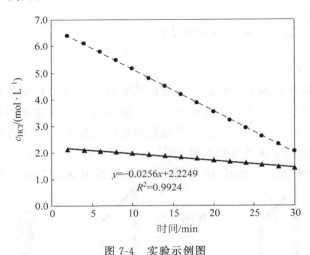

图7-4 实验示例图

实验16 电导法测定乙酸乙酯皂化反应的速率常数

一、实验目的

1. 用电导法测定乙酸乙酯皂化反应的速度常数,了解反应活化能的测定方法。
2. 了解二级反应的特点,学会用图解法(graphical method)求二级反应的速率常数。
3. 掌握电导测量方法和电导率仪的使用。

二、实验原理

化学反应的速率常数指的是反应过程中,反应物或产物浓度随时间的变化率(the rate of change)。乙酸乙酯与碱(base)之间的反应被称为皂化反应。它是一个典型的二级反应(second-order reaction),反应方程式可以表示为式(7-14)。

$$CH_3COOC_2H_5 + NaOH \longrightarrow CH_3COONa + C_2H_5OH \qquad (7-14)$$

反应速率方程为

$$\frac{dx}{dt} = k(a-x)(b-x) \tag{7-15}$$

其中,a、b 分别为反应物乙酸乙酯和氢氧化钠(sodium hydroxide)的初始浓度(the initial concentration);x 为经过反应 t 时刻时所消耗的反应物浓度;k 为反应速率系数。

为了数据处理方便,设计实验时假定两种反应物的初始浓度(initial concentration)相同,即 $a=b$,此时式(7-15)可改写为

$$\frac{dx}{dt} = k(a-x)^2 \tag{7-16}$$

积分可得式(7-17):

$$\frac{1}{a-x} = kt + \frac{1}{a} \tag{7-17}$$

根据实测实验数据,以 $\frac{1}{a-x}$ 为横坐标(自变量),t 为纵坐标(因变量)作图。如果数据曲线为一条直线,则证明所研究的反应是一个二级反应,并可以由直线的斜率求解出 k 值 (k 的单位为 $dm^3 \cdot mol^{-1} \cdot s^{-1}$)。

反应过程中不同时刻 t,反应物的浓度(c)可用物理、化学分析法进行测定(如可以测量溶液的酸碱性;或者用标准酸对溶液中的 OH^- 离子进行滴定;或者根据各物质电导率的差异,测量溶液的电导率等)。本实验采用电导法来测量反应物的浓度,其理论依据主要在于:

(1) 在乙酸乙酯的皂化反应中,能够参与导电的离子只有 OH^-、Na^+ 和 CH_3COO^-。故由反应方程式(7-14)可知,反应前后 Na^+ 浓度保持不变,并且随着反应的进行,反应物 OH^- 被不断消耗,导致其浓度不断减小;与此同时,产物 CH_3COO^- 不断增多。另外,OH^- 的摩尔电导率较 CH_3COO^- 的摩尔电导率大得多。因此,随着反应的进行,溶液的电导将不断减小。

(2) 在很稀的溶液(diluted solution)中,每种强电解质的电导 G 与浓度成正比,并且溶液的总电导等于溶液中各电解质的电导之和。

依据以上两点可知,随着乙酸乙酯皂化反应的进行,溶液电导随反应物浓度的变化可用式(7-18)表示:

$$\begin{array}{lcccc}
& CH_3COOC_2H_4 + NaOH & \longrightarrow & CH_3COONa + C_2H_5OH \\
t=0 & a & a & 0 & 0 \\
& & G_0 = A_1 a & & \\
t=t & (a-x) & (a-x) & x & X \\
& & G_t = A_1(a-x) + A_2 x & & \\
t=\infty & 0 & 0 & a & a \\
& & G_\infty = A_2 a & & \\
\end{array}$$

$$x = \frac{G_0 - G_t}{G_0 - G_\infty} a$$

$$G_t = G_\infty + \frac{1}{ak} \frac{G_0 - G_t}{t} \tag{7-18}$$

其中,A_1、A_2 是比例常数,分别与 NaOH、NaAc 的性质(property)、反应温度(reaction temperature)和所选用的溶剂等有关。

由式(7-18)可知,只要能够测出反应前溶液的电导(G_0)及反应过程中不同时刻溶液的电导(G_t),以 G_t 对 $\dfrac{G_0 - G_t}{t}$ 作图,就可以由直线的斜率来求解 k 值。

电导的测量采用交流电桥法,溶液的电导可表示为

$$G = k\frac{S}{L} \tag{7-19}$$

其中,S/L 称为电导池常数;L 为两个电极间距离(cm);S 为电极片的面积(cm^2);k 为电导率。

式(7-18)同乘 L/S 便得

$$k_t = k_\infty + \frac{1}{ak}\frac{k_0 - k_t}{t} \tag{7-20}$$

由式(7-20)可知,若已知不同时刻 t 下,溶液电导率的测量值 k_t,以 k_t 对 $\dfrac{k_0 - k_t}{t}$ 作图,从直线斜率也可求出反应速率常数。

如果能够测出不同温度下的反应速率系数 k 值,则可以根据 Arrhenius 公式求解该反应温度范围内的活化能 E_a。

$$\ln\frac{k_1}{k_2} = \frac{E_a}{R}\left(\frac{1}{T_2} - \frac{1}{T_1}\right)$$

$$E_a = \frac{RT_1 T_2}{T_1 - T_2}\ln\frac{k_1}{k_2} \tag{7-21}$$

其中,k_1、k_2 分别为不同温度下的反应速率常数。

三、仪器与试剂

本实验所用仪器设备和化学试剂如表 7-4 所示。

表 7-4 仪器设备和化学试剂一览表

名称	数量
电导率仪	1 台
铂电极	1 根
超级恒温槽	1 台
移液管(10 mL)	3 支
秒表	1 个
洗耳球	1 个
双管皂化池	1 套
胶头滴管(一次性)	若干
烧杯(200 mL)	2 个
大试管	2 支
容量瓶(100 mL)	2 个
$CH_3COOC_2H_5$(分析纯)	适量
NaOH(分析纯)	适量
CH_3COONa(分析纯)	适量

四、实验步骤

1. 控制恒温槽的温度
接好恒温槽,将恒温槽的温度分别调至 20.0℃、30.0℃和 40.0℃。

2. 调节电导率仪
打开电导率仪的电源,预热 10 min。调节电导率仪的"温度"至 30℃。

3. 氢氧化钠溶液($0.1\ mol \cdot L^{-1}$)、反应物溶液($0.1\ mol \cdot L^{-1}$)的配制
用分析天平称取氢氧化钠 0.4 g,加入 50 mL 水后,充分搅拌使其完全溶解,然后转移至 100 mL 容量瓶中进行定容。最后移入胶质试剂瓶,封口备用。

按照实验要求,氢氧化钠溶液和乙酸乙酯溶液的浓度一致,故按照式(7-22)计算乙酸乙酯的体积 V_a。根据理论计算值,量取乙酸乙酯,加适量水稀释后转移至 100 mL 的容量瓶中,加水定容待用。

$$V_a = \frac{0.1 \times V_b \times M_a}{d_a} \tag{7-22}$$

其中,V_b 为 $0.1\ mol \cdot L^{-1}$ 氢氧化钠的体积;M_a 为乙酸乙酯的摩尔质量($88\ g \cdot mol^{-1}$);d_a 为乙酸乙酯的密度($0.902\ g \cdot mL^{-1}$)。

4. 离子电极的校准
按下校准键,将温度调至 25℃,然后调节电导率的常数使其显示值和电极上的数值一致。

5. 溶液起始电导率 k_0 的测定
在一支干燥的大试管中先后加入 10.00 mL $0.1\ mol \cdot L^{-1}$ NaOH 和 10.00 mL H_2O 摇匀(此时 NaOH 的物质的量为 0.001 mol;在忽略体积变化的前提下,其溶液的浓度为 $0.05\ mol \cdot L^{-1}$)。用胶头滴管(一次性)吸取该混合液清洗电极,然后再把电极插入装有待测溶液的大试管中,并保证溶液完全没过铂黑电极。然后将其放入恒温槽中恒温,约 20 min 后测定其初始电导率 k_0(3 次)。

6. 反应结束时电导率 k_∞ 的测定
在一只干燥的大试管中加入约 5 mL $0.05\ mol \cdot L^{-1}$ 乙酸钠(sodium acetate)。用胶头滴管(一次性)吸取该溶液清洗电极,再把电极插入装有待测溶液的大试管中,保证待测溶液完全没过铂黑电极。然后将其放入恒温槽中恒温,约 20 min 后测定其离子电导率(3 次)。

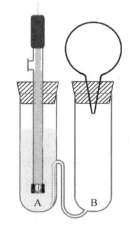

图 7-5 实验装置示意图

7. 反应时混合溶液电导率 k_t 的测定
向干燥双管皂化池 A 管内加 10.00 mL $0.1\ mol \cdot L^{-1}$ 乙酸乙酯溶液,B 管内加 10.00 mL $0.1\ mol \cdot L^{-1}$ NaOH 溶液,塞上橡皮塞恒温。约 20 min 后,稍微松开 A 管的橡胶塞,用洗耳球把 B 管的氢氧化钠溶液压入 A 管中,然后再将溶液吸回 B 管中。如此反复三次,最后把混合液吸回 B 管。

当溶液压入一半时,开始记录反应时间,保持秒表不停。用 A 管的剩余溶液淋洗电极,把电极插入 B 管中(电极插入时应搅动一下溶液),并立即开始测量其电导值,每隔 2 min 读一次数据,直至电导数值变化很小或者没有变化时方可停止测量。

8. 调温后电导率的测定

将恒温槽调至 40.0℃,按照步骤 1、2、3、4 测定 k_0、k_∞ 和 k_t。

9. 实验结束

实验结束后,洗净电极、大试管和皂化池,放入烘箱内干燥。收拾实验台面,将实验台恢复原状。

五、数据记录与处理

(1) 记录数据,列表。

(2) 使用 Origin 软件,分别画出 30℃ 和 40℃ 下 k_t-$\left(\dfrac{k_0-k_t}{t}\right)$ 图,按式(7-20)计算各温度下的反应速率常数 k。

(3) 计算反应的活化能。

六、注意事项

(1) 由于空气中的 CO_2 会溶解于 NaOH 溶液中,从而导致溶液浓度的降低;或溶入电导水中,使水中含有较多的氢离子(H^+),导致酯水解速率的加快。因此实验中宜使用煮沸后的电导水。

(2) 所用的 NaOH 溶液和 $CH_3COOC_2H_5$ 溶液浓度必须相等。

(3) 当将反应液加入电导池中后,不要用手扶,否则手的振动容易引起液体的流动而导致反应溶液提前被混合。

(4) 为使 NaOH 溶液和 $CH_3COOC_2H_5$ 溶液确保混合均匀,需使该两溶液在叉形管中多次来回往复。

(5) 电极不使用时应浸泡在电导水中,使用时用滤纸轻轻吸干水分。清洗铂电极时切记不能用滤纸擦拭电极上的铂黑。

(6) 乙酸乙酯的皂化反应是一个吸热反应,混合后体系的温度会下降,因此混合后的几分钟之内所测得的溶液电导率偏低,因此在反应 4~6 min 进行测量较佳。

七、思考题

(1) 如果酯和碱的起始浓度不等将会引起什么结果?

(2) 为何反应溶液的浓度必须足够稀?如果 NaOH 和 $CH_3COOC_2H_5$ 溶液均为浓溶液,试问能否用此方法求得 k 值?为什么?

(3) 试由实验结果得到的 k_{CH_3COONa} 值计算反应开始 10 min 后 NaOH 反应掉的百分数,并由此结果解释实验过程中测定电导率的时间间隔可逐步增加的原因。

(4) 如何用实验结果来验证乙酸乙酯皂化反应为二级反应?

(5) 如何通过 pH 来测定乙酸乙酯皂化反应的速率常数?

(6) 假如由于实验操作失误,误将 A、B 两管中的反应液互换(即 A 管中注入 NaOH 溶液,B 管中注入乙酸乙酯溶液),则预计会发生什么结果？试分析一下。

八、其他拓展

(1) 0℃时,乙酸乙酯的密度为 0.9244 g·cm^{-3}；10℃时,乙酸乙酯的密度为 0.9127 g·cm^{-3}；20℃时,乙酸乙酯的密度为 0.9005 g·cm^{-3}；30℃下,乙酸乙酯的密度为 0.8885 g·cm^{-3}。

(2) 不同温度下,乙酸乙酯皂化反应的速率常数如表 7-5 所示。

表 7-5　不同温度下,乙酸乙酯皂化反应的速率常数

$T/℃$	$k/(dm^3·mol^{-1}·min^{-1})$	$T/℃$	$k/(dm^3·mol^{-1}·min^{-1})$	$T/℃$	$k/(dm^3·mol^{-1}·min^{-1})$
15	3.3521	24	6.0293	33	10.5737
16	3.3828	25	6.4254	34	11.2382
17	3.8280	26	6.8454	35	11.9411
18	4.0887	27	7.2906	36	12.6843
19	4.3657	28	7.7624	37	13.4702
20	4.6599	29	8.2622	38	14.3007
21	4.9723	30	8.7916	39	15.1783
22	5.3039	31	9.3522	40	16.1005
23	5.6559	32	9.9457	41	17.0847

(3) 浓度与反应速率常数的关系如表 7-6 所示。

表 7-6　浓度 (mol·L^{-1}) 与乙酸乙酯皂化反应速率常数的关系

c_a	c_b	$T/℃$	$k/(L·mol^{-1}·s^{-1})$	$k/(L·mol^{-1}·min^{-1})$	$E/(kcal·mol^{-1})$
0.01	0.02	0	8.65×10^{-3}	0.519	
		10	2.35×10^{-2}	1.41	14.6
		19	5.03×10^{-2}	3.02	
0.021	0.023	25		6.85	

(4) 25℃时,NaOH 和 CH$_3$COONa 水溶液摩尔电导率与浓度关系见表 7-7。

表 7-7　NaOH、CH$_3$COONa 水溶液浓度对其摩尔电导率 Λ_m 的影响 (单位：S·cm^2·mol^{-1})

浓度/(mol·L^{-1})	无限稀释	0.0005	0.001	0.005	0.01	0.02	0.05	0.1
NaOH	247.7	245.5	244.6	240.7	237.9	—	—	—
CH$_3$COONa	91.0	89.2	88.5	85.68	83.72	81.20	76.88	72.76

(5) 不同温度下,水溶液中 CH$_3$COO$^-$、Na$^+$ 和 OH$^-$ 的极限摩尔电导率 (Λ_∞) 如表 7-8 所示。

表 7-8　不同温度下,水溶液中 CH$_3$COO$^-$、Na$^+$ 和 OH$^-$ 的极限摩尔电导率 Λ_∞ (单位：S·cm^2·mol^{-1})

$T/℃$	0	18	25	50
Na$^+$	26.5	42.8	50.1	82
OH$^-$	105	171	198.3	(284)
CH$_3$COO$^-$	20.0	32.5	40.9	(67)

附录

部分思考题参考答案

实验 7　完全互溶双液系的气-液平衡相图

(1) 温度；相同。

(2) 该沸腾时不沸腾，使实验结果发生偏差；可加入沸石等。

(3) 不需要。

(4) 易和水形成共沸物，影响实验结果；已经形成共沸物，没有影响。

(5) 误差来源有 4 点：加热使液相组成不固定，加热时间的长短导致折射率测定有误差；温度计位置不固定；取样停留时间不固定；观测误差。

(6) 应该一样；实际不一样；温度计插入 1/3。

实验 8　Pb-Sn 固-液相图的绘制

(1) 含量不同。

(2) 通过水平段和拐点来判断；融化热大的先析出，需要更多的温度补偿，曲线斜率变大。

(3) 过冷；通过延长线的方法。

(4) 金属凝固放热对体系散热发生一个补偿；出现一个转折点和一个水平段；曲线的形状与样品熔点、环境温度、样品相变热、炉子的保温性能和样品量有关。

(5) 相同点是热力学平衡；不同点是固-液相图受压力的影响小。

实验 9　原电池电动势的测定

(1) 对消，类似于天平称量的原理；不可以，因为伏特表内需要有电流通过方可测量电压。

(2) 惰性；用于精确控制电势。

(3) 相应的电化学反应可能不能发生。

(4) 减少液接界电阻；要求阴阳离子的扩散速率近似。

(5) 产生液接界电阻；影响可逆性。

实验 13　最大泡压法测定溶液的表面张力

(1) 会增加额外的压强。

(2) 随着气泡的形成，曲率半径由大变小再变大。当曲率半径等于毛细管半径时，气泡呈球形，气泡曲率半径最小，压力差最大；会有压力的叠加。

(3) 有影响；无法建立吸附平衡，导致结果不准。

实验 15 旋光法测定蔗糖转化反应的速率常数

(1) 因为蒸馏水没有旋光性；不需要。

(2) 对测量结果影响不大。

(3) 不可以，由于反应中水是大量的，消耗的水可忽略不计，所以该反应可看作一级反应。反应速率只与蔗糖的浓度有关，盐酸只作催化剂。如果将蔗糖加入盐酸中，蔗糖的起始浓度就是一个变化的值，而且先加入的蔗糖会先水解，影响起始浓度和反应速率。

实验 16 电导法测定乙酸乙酯皂化反应的速率常数

(1) 重新列方程进行计算。

(2) 电导率与浓度成正比，过浓，电导率太低。

(3) 反应物浓度减少，反应速率变慢。

(4) 测定反应速率，绘制曲线。

(5) 此反应电导的贡献主要来自 OH^-。

(6) 电导率的变化趋势不同。